소방
전기
시설
구조
및
원리

황기환 著

FIREFIGHTING
ELECTRONIC

21세기사

머리말

화재사고 중 전기화재로 인한 사고가 차지하는 비중이 점점 더 증가하고 있으며 건물의 고층화 및 대형화 등으로 인해 화재 규모 또한 점점 대형화로 증가되고 있는 실정이다. 따라서 화재 안전에 대한 예방, 경보, 피난, 소화활동 등의 중요성은 급속도로 요구되어오고 있으며 수요 또한 점점 확대되고 있다. 앞으로는 더 큰 수요가 요구되어질 전망이다.

소방시설은 경보설비, 소화설비, 피난구조설비, 소화용수설비, 소화활동설비인 5개의 설비로 구성되며 이들을 크게 전기분야 및 기계분야로 구분된다. 여기서 소방전기시설 분야에는 경보설비, 피난구조설비, 소화활동설비 3개 설비 파트로 구성된다.

소방설비기사 및 산업기사 전기분야의 실기문제에는 소방전기시설의 구조 및 원리 과목에서 매년, 매번 70% 정도가 출제되고, 이 과목 중에서도 자동화재탐지설비가 60% 이상이 출제된다.
따라서 본서에서는 소방전기시설 중에서 가장 중요한 경보시설 영역에 많은 부분을 할애하였으며, 경보설비 중에서도 가장 핵심이고 빈번히 출제되는 자동화재탐지설비 단원을 하나의 파트로 분리함으로써 4개 파트로 구성하였다. 따라서 경보설비는 자동화재탐지설비 및 구성요소를 1개 파트, 자동화재탐지설비 외 경보설비를 1개 파트로 분리하였고, 나머지 피난구조설비와 소화활동설비 각각 1개씩 파트로 구성해서 집필하였다.

본서의 특징
기사 및 산업기사, 학교시험 등의 모든 시험에서 자주 출제되는 문제는 중요부분에 대한 내용이 자주 출제되지만, 그에 못지않게 수험자가 헷갈려 할 수 있는 내용을 자주 출제하기도 한다. 즉, 다빈출 문제는 중요한 부분의 문제와 헷갈리는 부분에 관한 내용의 문제가 대부분을 차지한다. 또한 고난이도의 변별력 문제는 헷갈리는 영역의 몫이기도 하다.
따라서 본서에서는 헷갈릴 수 있는 내용에 대해 공통점과 차이점을 비교하여 한눈에 보면서 생각할 수 있는 비교표를 만들어 수록함으로써 공통점이 많아 헷갈리는 내용에 대해 공통점은 하나로 통일하고 차이점은 확연히 구별할 수 있도록 하여 공통점, 차이점의 비교를 통한 생각을 통해 자연스럽게 이해하고 생각하도록 하는 학습과정의 사고력 학습법을 삽입하였다.

본서에서 수록한 예제 및 연습문제에 해설과정을 모두 수록하였으며, 암기가 아닌 이해 중심의 학습이 이루어지도록 집필하였다. 특히 이해를 요하는 단원 및 계산이 필요한 예제 및 문제에서는 이해와 함께 생각하는 과정을 통해 풀어갈 수 있는 학습하는 내용을 해설과정에 포함시켰다.
따라서 본서를 통해 이해로만 끝내는 것이 아니라 이해한 내용을 스스로 생각하고 온전히 내것화시킬 수 있는 사고력 학습법을 습득할 수 있도록 집필하였다.

소방전공 재학생 및 관련자, 소방설비기사 및 산업기사 자격증 취득 희망자 등 모두에게 소방전기시설 지침서가 되길 바라며… 독자분들의 행운을 빕니다.

저자 씀

목차

CONTENTS

01

소방시설

개요

화재 발생 시 이를 감지하여 인접지역의 사람들에게 통보함으로써 화재로부터 사람들을 보호하거나 대피시키고, 화재 초기단계에서 소화활동과 자동설비 또는 수동조작에 의해 화재진압을 할 수 있는 기계·기구 및 시스템이다.

② 정의

소방시설이란? 설치, 유지 및 안전관리를 위한 소화설비, 경보설비, 피난구조설비, 소화용수설비, 소화활동설비를 말한다.

〈소방전기시설〉

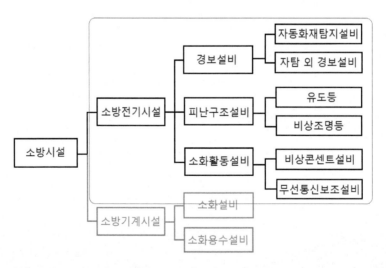

소방전기시설의 계통도

③ 소방시설의 구분

1) 소화설비 : 소화 용수(물) 또는 소화 약제(할론, 할로겐 화합물, 이산화탄소 등)를 사용하여 소화 하는 기계·기구 및 시스템이다.
- 종류 : 소화기구, 자동소화장치, 옥내소화전설비, 옥외소화전설비, 물분무소화설비, 스프링쿨 러설비 등

2) 경보설비 : 화재 발생 시 화재를 통보 및 경보를 발하는 기계·기구 및 시스템이다.
- 종류
  ① 자동화재탐지설비
  ② 자동화재속보설비
  ③ 비상경보설비(비상벨설비, 자동식 사이렌설비)
  ④ 비상방송설비
  ⑤ 단독경보형감지기
  ⑥ 누전경보기
  ⑦ 가스누설경보기
  ⑧ 통합감시시설
  ⑨ 시각경보기

3) 피난구조설비 : 화재 발생 시 피난활동을 돕거나 피난활동에 사용되는 기계·기구 및 시스템이다.
- 종류 : 피난기구, 유도등, 비상조명등 및 휴대용 비상조명등, 인명구조기구 등

4) 소화용수설비 : 화재 발생 시 화재진압에 필요한 물 공급 또는 저장하는 기계·기구 및 시스템이다.
- 종류 : 소화수조, 저수조, 소화용수설비 및 관련 설비 등

5) 소화활동설비 : 화재 발생 시 화재를 진압하거나 인명구조활동을 위해 사용되는 기계·기구 및 시스템이다.
- 종류 : 제연설비, 연소방지설비, 비상콘센트설비, 무선통신보조설비, 연결송수관설비, 연결살 수설비 등

- 소방시설의 규모 단계

  단계가 올라갈수록 연면적[m^2]이 넓어진다.

  4단계 : 스프링클러설비

  3단계 : 자동화재탐지설비

  2단계 : 옥내소화전설비

  1단계 : 비상경보설비

- 소방시설의 도시기호

구분	기호	구분	기호
부수신기	⊟	수신기	⊠
제어반	◪	표시반	☰
중계기	⊟		

소방시설은 크게 전기분야와 기계분야로 나눠진다.

국가공인 자격증인 소방설비산업기사와 소방설비기사에 있어서도 소방설비산업기사 (전기), 소방설비산업기사 (기계) 및 소방설비기사 (전기), 소방설비기사 (기계) 종목으로 나눠져 있다.

본서는 소방설비산업기사 및 소방설비기사 (전기)종목의 과목인 소방전기시설의 구조 및 원리 과목에 대한 교재이다. 따라서 소방시설인 소화설비, 경보설비, 피난구조설비, 소화용수설비, 소화활동설비 중에서 전기와 연관되어 작동하는 설비인 경보설비, 피난구조설비(전기 관련 : 유도등, 비상조명등), 소화활동설비(전기 관련 : 비상콘센트설비, 무선통신설비), 소화설비(전기 관련 : 전원)에 대해서 다루고자한다.

모든 경보설비는 전기신호에 의해 작동이 이루어지므로 본서에서 가장 중요한 부분은 경보설비이다. 따라서 자동화재탐지설비, 시각경보기, 비상방송설비, 비상경보설비, 단독경보형감지기, 자동화재속보설비, 누전경보기, 가스누설경보기, 통합감시시설인 경보설비가 대부분 차지하며, 그 중에서도 자동화재탐지설비에 관한 단원이 핵심으로 내용이 가장 많고 중요한 파트이다.

02

경보설비 Ⅰ

CHAPTER 01 경보설비

01 / 자동화재탐지설비

 개요

화재 발생 시 화재에 의한 피해를 최소화하기 위해서는 화재의 조기 발견과 신속한 피난, 초기 진화 대응 및 관계자와 해당 소방관서에 즉각적인 통보 시스템이 필요하다. 따라서 이를 위해 화재를 조기에 자동 또는 수동으로 탐지하고 화재신호를 경보하여 현재의 위치를 표시 및 통보해 주는 경보설비가 요구된다.

2 정의

자동화재탐지설비란? 화재 발생 시 화재를 자동으로 감지하는 감지기 또는 목격자 직접 발신기의 누름버튼을 눌러 수동으로 감지하여 수신기에 화재신호를 발한다. 수신기에 수신된 화재신호는 화재표시등 및 위치표시등에 화재표시를 나타내고, 주경종 및 지구경종의 경보장치 등을 작동시켜 화재발생을 재실자 및 관계자에게 통보하는 경보설비 중의 하나로 중요한 설비이다.

자동화재탐지설비는 소방설비 중의 하나인 경보설비에 속하며, 경보설비 중에서도 가장 널리 활용되어지는 중요한 설비로서 소방분야의 시험에서 가장 많은 문제 및 빈도로 출제되는 단원이다.

③ 자동화재탐지설비의 구성요소

자동화재탐지설비는 감지기, 발신기, 중계기, 수신기, 표시등, 음향장치, 시각경보장치, 배선, 전원 등으로 구성된다.

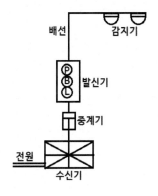

자동화재탐지설비 기본 계통도

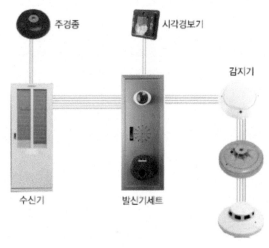

자동화재탐지설비 구성도

3-1 자동화재탐지설비 구성

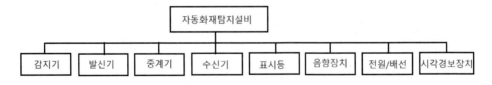

자동화재탐지설비의 계통도

① 수신기란? 감지기나 발신기에서 발하는 화재신호를 직접 수신하거나 중계기를 통하여 수신하여 화재의 발생을 표시 및 경보하여 주는 장치

② 중계기란? 감지기·발신기 또는 전기적 접점 등의 작동에 따른 신호를 받아 이를 통신 신호로 수신기의 제어반에 전송하는 장치로 R형 수신기에만 있다.
즉, 접점신호로 통신 신호로 변환하여 R형 수신기에 전달하는 기기

③ 감지기란? 화재 시 발생하는 열·연기·불꽃 또는 연소생성물을 자동적으로 감지하여 수신기에 화재신호를 발신하는 장치

④ 발신기란? 화재 발생 시 화재를 발견한 목격자가 직접 수동으로 수신기에 화재신호를 발신할 수 있는 장치

⑤ 시각경보장치란? 자동화재탐지설비에서 발하는 화재신호를 시각경보기에 전달하여 청각장애인에게 점멸형태의 시각경보를 제공하는 장치

⑥ 표시등이란? 화재 발생으로 수신된 화재신호를 표시하는 등으로 화재표시등과 지구표시등이 있다.
- 화재표시등 : 수신된 화재신호를 수신기의 전면에 화재 발생을 표시하는 등
- 지구표시등 : 화재를 탐지한 감지기의 해당 경계구역을 표시하는 등으로서 발신기의 위치를 알려주는 등

⑦ 음향장치란? 화재신호를 소리로 알려주는 장치로서 주경종 및 지구경종 음향장치가 있다.
- 주음향장치 : 수신기 내부 또는 직근(가까운 위치)에 설치되는 음향장치
- 지구음향장치 : 각 경계구역의 발신기 세트에 설치되어 있는 음향장치

예제 **자동화재탐지설비의 구성요소를 쓰시오.**

해설 자동화재탐지설비는 감지기, 발신기, 중계기, 수신기, 표시등, 음향장치, 시각경보장치, 배선, 전원 등으로 구성된다.

정답 감지기, 발신기, 중계기, 수신기, 전원, 배선, 음향장치, 시각경보장치, 표시등

예제 **아래 장치에 대한 내용에서 잘못된 부분을 찾아서 알맞은 내용으로 수정하시오.**

시각경보장치란? 자동화재탐지설비에서 발하는 화재신호를 시각경보기에 전달하여 시각장애인에게 점멸형태의 시각경보를 제공하는 장치이다.

해설 시각경보장치란? 자동화재탐지설비에서 발하는 화재신호를 시각경보기에 전달하여 (청각)장애인에게 점멸형태의 시각경보를 제공하는 장치

예제 **자동화재탐지설비의 구성요소의 각 기능에 대한 명칭을 쓰시오.**

1) 화재발생 시 화재로 인한 연소생성물을 자동으로 탐지하여 수신기에 화재신호를 발하는 장치 : (   )
2) 화재발생 신호를 수동으로 수신기에 발신할 수 있는 장치 : (   )
3) 감지기나 발신기로부터 발신된 접점신호를 통신 신호로 변환하여 R형수신기에 전송 : (   )

해설 자동화재탐지설비의 구성요소 기능
- 감지기 : 화재발생 시 화재로 인한 연소생성물을 자동으로 탐지하여 수신기에 화재신호를 발하는 장치
- 발신기 : 화재발생 신호를 수동으로 수신기에 발신할 수 있는 장치
- 중계기 : 감지기나 발신기로부터 발신된 접점 신호를 통신 신호로 변환하여 R형수신기에 전송

정답 감지기, 발신기, 중계기

예제 화재 발생으로 수신된 화재신호를 표시하는 등으로서 화재 발생을 수신기의 전면에 표시하는 등과 해당 경계구역을 표시하는 등에 대한 각각의 명칭을 쓰시오.

해설 표시등의 정의
화재 발생으로 수신된 화재신호를 표시하는 등으로 화재 표시등과 지구 표시등이 있다.
- 화재 표시등 : 수신된 화재신호를 수신기의 전면에 화재 발생을 표시하는 등
- 지구 표시등 : 화재를 탐지한 감지기의 해당 경계구역을 표시하는 등으로서 발신기의 위치를 알려주는 등

정답 화재 표시등, 지구(회로)표시등

☐ 신호처리방식의 종류
감지한 화재신호를 처리하는 방식에는 3가지가 있다.
① 유선식 : 화재신호 등을 배선으로 송·수신하는 방식
② 무선식 : 화재신호 등을 전파에 의해 송·수신하는 방식
③ 유·무선식 : 유선식과 무선식을 겸용으로 사용하는 방식

4 설치대상

① 공동주택 중 아파트 등·기숙사 및 숙박시설의 모든 층
② 층수가 6층 이상의 건축물의 모든 층

③ 근린생활시설(목욕장 제외), 의료시설(정신의료기관 및 요양병원은 제외), 위락시설, 장례시설 및 복합건축물로서 연면적 600$[m^2]$ 이상의 모든 층

④ 근린생활시설 중 목욕장, 업무시설, 문화 및 집회시설, 종교시설, 판매시설, 운수시설, 운동시설, 공장, 창고시설, 위험물 저장 및 처리 시설, 항공기 및 자동차 관련시설, 교정 및 군사시설 중 국방·군사시설, 방송통신시설, 발전시설, 관광 휴게시설, 지하가(터널 제외)로서 연면적 1000$[m^2]$ 이상의 모든 층

⑤ 교육연구시설(교육시설 내에 있는 기숙사 및 합숙소 포함), 수련시설(수련시설 내에 있는 기숙사 및 합숙소 포함, 숙박시설이 있는 수련시설은 제외), 동물 및 식물 관련시설, 자원순환 관련 시설, 교정 및 군사시설(국방·군사시설 제외) 또는 묘지 관련시설로 연면적 2000$[m^2]$ 이상의 모든 층

⑥ 노유자 생활시설의 모든 층

⑦ 노유자 생활시설의 모든 층에 해당하지 않는 노유자 시설로서 연면적 400$[m^2]$ 이상인 노유자 시설 및 숙박시설의 수련시설로서 수용인원 100명 이상의 모든 층

⑧ 의료시설 중 정신의료기관 또는 요양병원으로 아래사항에 하나라도 해당되는 시설
   - 요양병원(의료재활시설은 제외)
   - 정신의료기관 또는 의료재활시설로 바닥면적의 합계가 300$[m^2]$ 이상인 시설
   - 정신의료기관 또는 의료재활시설로 바닥면적의 합계가 300$[m^2]$ 미만이고, 창살(철재·플라스틱 또는 목재 등으로 사람의 탈출을 막고, 화재 시 자동으로 열리는 구조의 창살은 제외)이 설치된 시설

⑨ 판매시설 중 전통시장

⑩ 지하가 중 터널의 길이가 1000$[m]$ 이상인 곳

⑪ 지하구

⑫ ③에 해당하지 않는 근린시설 중 조산원 및 산후조리원

⑬ ④에 해당하지 않는 공장 및 창고시설로서 지정하는 수량의 500배 이상의 특수가연물을 저장·취급하는 곳.

⑭ ④에 해당하지 않는 발전시설 중 전기저장시설

★ 자동화재탐지설비 설치대상 요약

기준	설치대상
연면적 600$[m^2]$ 이상	근린생활시설, 의료시설, 위락시설, 장례시설 및 복합건축물
연면적 1000$[m^2]$ 이상	목욕장, 업무시설, 문화 및 집회시설, 종교시설, 판매시설, 운수시설, 운동시설, 공장, 창고시설, 위험물 저장 및 처리 시설, 항공기 및 자동차 관련시설, 교정 및 군사시설 중 국방·군사시설, 방송통신시설, 발전시설, 관광 휴게시설, 지하가
연면적 2000$[m^2]$ 이상	교육연구시설, 수련시설, 동물 및 식물 관련시설, 자원순환 관련시설, 교정 및 군사시설, 묘지 관련시설
모든 적용대상	지하구, 노유자 생활시설, 요양병원
터널1000$[m]$ 이상	지하가 중 터널
연면적 400$[m^2]$ 이상 수용인원 100명 이상	노유자 시설(노유자 생활시설 제외) 청소년 수련시설(숙박시설)
지정 수량의 500배 이상	공장 및 창고시설로서 특수가연물을 저장·취급

예제 아래의 자동화재탐지설비 설치대상 분류에 대한 연면적을 쓰시오.

설치대상	연면적
노유자시설	
위락시설	
공공근린	
교육시설	

정답

설치대상	연면적
노유자시설	400$[m^2]$ 이상
위락시설	600$[m^2]$ 이상
공공근린	1000$[m^2]$ 이상
교육시설	2000$[m^2]$ 이상

02 경계구역

① 개요

화재 발생 시 수신기에는 화재표시창(LED : 화재 문자)과 발화 위치를 표시해주는 지구 표시등이 있다. 이 때 지구 표시등이 담당하는 범위의 구역을 경계구역이라 말한다.

② 정의

자동화재탐지설비의 경계구역(Zone)이란? 화재 발생 시 자동화재탐지설비의 하나의 회로가 화재의 발생을 탐지하고 그 화재신호를 수신하여 유효하게 제어할 수 있도록 구분해 놓은 구역을 말한다.
* 벽의 경계구역 설정 시에는 벽의 중심선을 기준으로 산정한다.

③ 경계구역 설정기준

경계구역은 통로, 복도 계단, 방화벽 등을 경계선의 기준으로 삼는다. 식별 번호는 수신기에 가까운 구역 및 아래층을 기준으로 먼저 순서를 정한다.

3-1 설정기준

3-1-1 수평적 경계구역 기준
① 하나의 경계구역이 2개 이상의 건축물에 미치지 않도록 할 것
② 하나의 경계구역이 2개 이상의 층에 미치지 않도록 할 것
  (다만, 500[㎡] 이하의 범위 안에서는 2개의 층(인접층)을 하나의 경계구역으로 가능)

     – 2개의 층 : 직하층 또는 직상층으로 분리되지 않는 인접층을 의미함

③ 하나의 경계구역의 면적은 600[㎡] 이하로 하고 한 변의 길이는 50[m] 이하로 할 것

    (다만, 해당 특정소방대상물의 주된 출입구에서 그 내부 전체가 보이는 것에 있어서는 한 변의 길이가 50[m]의 범위 내에서 1,000[㎡] 이하로 가능)

3-1-2 수직적 경계구역 기준

① 계단(직통계단 외의 것에 있어서는 떨어져 있는 상하계단의 상호간의 수평거리가 5[m] 이하로서 서로 간에 구획되지 아니한 것에 한한다. 이하 같다) · 경사로(에스컬레이터 경사로 포함) · 엘리베이터 승강로(권상기실이 있는 경우에는 권상기실) · 린넨슈트 · 파이프 피트 및 덕트 기타 이와 유사한 부분에 대하여는 별도로 경계구역을 설정한다.

    * 엘리베이터 권상기실 : 엘리베이터 부속 및 승강기 기계실

    * 린넨슈트 : 병원이나 호텔 등에서 세탁물을 모으기 위한 수직통로

    * 파이프 덕트 : 파이프를 넣기 위한 통로관

    * 파이프 피트 : 파이프 덕트를 통과시키기 위한 구획된 구멍

② 하나의 경계구역은 높이 45[m] 이하(계단 및 경사로에 한한다)로 하고, 지하층의 계단 및 경사로는 별도로 하나의 경계구역으로 하여야 한다.

    (다만, 지하층 수가 1개 층일 경우는 제외)

요약

- 계단 · 경사로 · 엘리베이터 승강로 · 린넨슈트 · 파이프 피트 및 덕트 기타 이와 유사한 부분에 대하여는 별도의 경계구역으로 선정한다.
- 계단 · 경사로 경우, 하나의 경계구역은 높이 $45\,[m]$ 이하
- 지하 2층 이상의 계단 · 경사로는 별도의 경계구역으로 선정한다.

구분	경계구역	예외
층별	각 층마다	2개 층의 면적합이 $500\,[m^2]$ 이하인 경우는 하나의 경계구역
면적	$600\,[m^2]$ 이하	주출입구에서 내부 전체가 보이는 경우는 $1000\,[m^2]$ 이하 가능
길이	한 변은 $50\,[m]$이하	

3-1-3 예외 기준

① 외기에 면하여 상시 개방된 부분이 있는 차고·주차장·창고 등에 있어서는 외기에 면하는 각 부분으로부터 5[m] 미만의 범위 안에 있는 부분은 경계구역의 면적에 산입하지 아니한다.
  * 탐지에 대한 유효성이 떨어지는 영역이므로 제외
② 스프링클러설비·물분무등소화설비 또는 제연설비의 화재감지장치로서 화재감지기를 설치한 경우의 경계구역은 해당 소화설비의 방사구역 또는 제연구역과 동일하게 설정할 수 있다.

□ 경계구역 면적산정 시 고려사항
① 감지기 면제 장소의 면적도 포함해서 경계구역 면적으로 산정한다.
② 외기 개방부, 계단 경사로 등의 수직 경계구역은 경계구역 면적에서 제외한다.

3-2 경계구역 예시

경계구역을 설정하는 방법에 대해 살펴본다.

3-2-1 수평적 경계구역 예시

① 하나의 경계구역이 2개 이상의 건축물에 미치지 않도록 할 것

예시 1	다음 정면도에 대한 경계구역의 설정 개수를 구하시오. (단, 건축물 A의 바닥면적 $300[m^2]$, 건축물 B의 바닥면적 : $300[m^2]$)

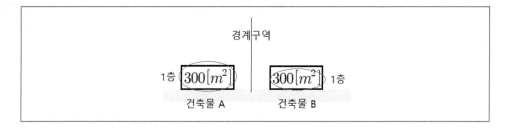

해설 분리된 건축물

건축물 A, 건축물 B로 분리되어 있으므로 2개의 건축물을 합칠 수는 없으며, 바닥면적합은 $600[m^2]$ 이하이지만 분리된 건축물로 인해 건축물마다 각각 하나씩 경계구역을 설정한다.

건축물 A : 1개 경계구역, 건축물 B : 1개 경계구역
고로, 2개의 경계구역으로 설정하여야한다.

② 하나의 경계구역이 2개 이상의 층에 미치지 않도록 할 것
　(다만, 500[㎡] 이하의 범위 안에서는 2개의 층(인접층)을 하나의 경계구역으로 가능)
　－ 2개의 층 : 직하층 또는 직상층으로 분리되지 않는 인접층을 의미함

예시 2　　다음 정면도에 대한 경계구역의 설정 개수를 구하시오.

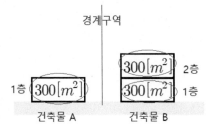

해설　먼저, 건축물 A와 건축물 B로 경계구역이 나누어진다. 다음으로 건축물 B에는 2개의 층이 인접하지만 바닥면적의 합이 $600[m^2]$으로 인접 층의 $500[m^2]$ 이하를 초과하므로 각각 경계구역으로 설정해야한다.

정답　건축물 A : 1개 경계구역, 건축물 B : 1층, 2층 각각의 경계구역
고로 3개의 경계구역으로 설정하여야한다.

예시 3　　다음 정면도에 대한 경계구역의 설정 개수를 구하시오.

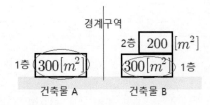

먼저, 건축물 A와 건축물 B로 경계구역이 나누어진다. 다음으로 건축물 B에는 2개의 층이 인접 층으로 바닥면적의 합이 $500[m^2]$로 인접 층의 합계 기준에 적합하므로 1개의 경계구역으로 설정할 수 있다.

건축물 A : 1개의 경계구역, 건축물 B : 1층, 2층에 1개의 경계구역
고로 2개의 경계구역으로 설정할 수 있다.

다음 정면도에 대한 경계구역의 설정 개수를 구하시오.

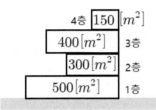

4층의 건축물에서 각 층마다 경계구역을 각각 설정해야 하므로 4개의 경계구역이다.
2층과 4층의 경계구역의 합이 $450[m^2]$로 인접층 경계구역의 합의 기준 $500[m^2]$ 이하는 해당되지만 인접 층이 아닌 분리된 층이므로 합칠 수 없다.

경계구역 4개

③ 하나의 경계구역의 면적은 600[㎡] 이하로 하고 한 변의 길이는 50m 이하로 할 것
(다만, 해당 특정소방대상물의 주된 출입구에서 그 내부 전체가 보이는 것에 있어서는 한 변의 길이가 50[m]의 범위 내에서 1,000[㎡] 이하로 가능)

예시 5 다음 정면도에 대한 수평 경계구역의 설정 개수를 구하시오.

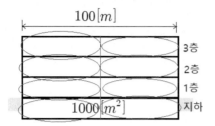

해설 하나의 경계구역의 면적은 600[㎡] 이하, 한 변의 길이는 50[m] 이하

정답 8개 경계구역

예시 6 다음 평면도에 대한 경계구역의 설정 개수를 구하시오.

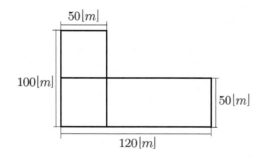

해설 하나의 경계구역의 면적은 600[㎡] 이하, 한 변의 길이는 50m 이하

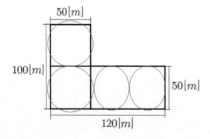

정답 4개의 경계구역

예제	각 층의 면적이 다음과 같은 건물 있다. 본 건물의 최소 경계구역의 수를 구하시오.

6층 : 200[m^2],   5층 : 300[m^2],   4층 : 400[m^2],   3층 : 500[m^2],   2층 : 600[m^2],

1층 : 700[m^2] (단, 모든 층의 한 변의 길이는 50[m] 이하이다.)

해설 소방대상물의 경계구역 수 구하기

6층+5층 : 200[m^2]+300[m^2]=500[m^2] : 1개 경계구역

4층 : 400[m^2] : 1개 경계구역

3층 : 500[m^2] : 1개 경계구역

2층 : 600[m^2] : 1개 경계구역

1층 : 700[m^2] : 2개 경계구역 (즉, 600[m^2] 초과이므로 2개로 구분)

정답 6개 경계구역

3-2-2 수직적 경계구역 예시

① 계단(직통계단 외의 것에 있어서는 떨어져 있는 상하계단의 상호간의 수평거리가 5[m] 이하로서 서로 간에 구획되지 아니한 것에 한한다. 이하 같다) · 경사로(에스컬레이터 경사로 포함) · 엘리베이터 승강로(권상기실이 있는 경우에는 권상기실) · 린넨슈트 · 파이프 피트 및 덕트 기타 이와 유사한 부분에 대하여는 별도로 경계구역을 설정한다.

② 하나의 경계구역은 높이 45[m] 이하(계단 및 경사로에 한한다)로 하고, 지하층의 계단 및 경사로는 별도로 하나의 경계구역으로 하여야 한다.

(다만, 지하층 수가 1개 층일 경우는 제외)

예시 1 수직 경계구역의 설정 개수를 구하시오. (단, 1층에 대한 높이는 $3[m]$인 건축물)

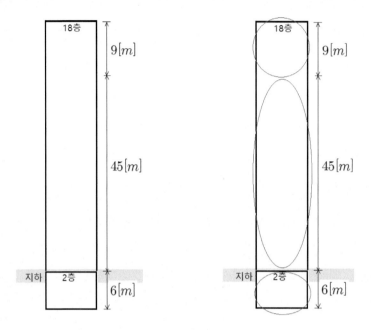

해설 하나의 경계구역은 높이 45[m] 이하(계단 및 경사로에 한한다)로 하고, 지하층의 계단 및 경사로는 별도로 하나의 경계구역

따라서 지하 2층 : 1개, 지상 15층 $45[m]$: 1개, 지상 16~18층 : 1개

정답 3개의 경계구역

01 화재 발생 시 화재에 의한 피해를 최소화하기 위해서는 화재의 조기 발견과 신속한 피난, 초기 진화 및 대응하기 위한 경보설비는?

① 자동화재속보설비　　　　　　　　② 자동화재탐지설비

③ 비상방송설비　　　　　　　　　　④ 비상속보설비

해설 자동화재탐지설비 정의

화재 발생 시 화재를 자동으로 감지하는 감지기 또는 목격자 직접 발신기의 누름버튼을 눌러 수동으로 감지하여 수신기에 화재신호를 발한다. 수신기에 수신된 화재신호는 화재 표시등 및 위치 표시등에 화재표시를 나타내고, 주경종 및 지구경종의 경보장치 등을 작동시켜 화재발생을 재실자 및 관계자에게 통보하는 경보설비 중의 하나로 중요한 설비이다.

정답 ②

02 자동화재탐지설비의 구성요소가 아닌 것은?

① 수신기　　　　　　　　　　　　　② 감지기

③ 비상경보기　　　　　　　　　　　④ 발신기

해설 자동화재탐지설비의 구성요소

자탐은 감지기, 발신기, 중계기, 수신기, 표시등, 음향장치, 시각경보장치, 배선, 전원 등으로 구성된다.

– 비상경보설비는 자동화재탐지설비에 포함되지 않는 경보설비이다.

정답 ③

03 화재 발생 시 화재로 인한 연소생성물을 자동으로 탐지하여 수신기에 화재신호를 발하는 장치는?

① 수신기　　　　　　　　　　　　　② 발신기

③ 중계기　　　　　　　　　　　　　④ 감지기

감지기의 정의

화재 시 발생하는 열 · 연기 · 불꽃 또는 연소생성물을 자동적으로 감지하여 수신기에 화재신호를 발신하는 장치

정답 ④

04 화재 발생 시 목격자가 직접 수동으로 수신기에 화재신호를 발신할 수 있는 장치?

① 수신기   ② 발신기

③ 중계기   ④ 감지기

해설 발신기의 정의

화재 발생 시 화재를 발견한 목격자가 직접 수동으로 수신기에 화재신호를 발신할 수 있는 장치를 발신하는 장치

정답 ②

05 감지기나 발신기로부터 발신된 접점신호를 통신신호로 변환하여 R형수신기에 전송을 위해 중계역할을 하는 장치는?

① 수신기   ② 발신기

③ 중계기   ④ 감지기

해설 중계기의 정의

화재 발생 시 감지기나 발신기로부터 발신된 접점신호를 통신신호로 변환하여 R형수신기에 전송하는 장치

정답 ③

06 감지기나 발신기로부터 화재신호를 수신하여 화재의 발생을 표시 및 경보할 수 있는 하는 장치는?

① 수신기   ② 발신기

③ 중계기   ④ 감지기

> **해설**   수신기의 정의
>
> 감지기나 발신기로부터 화재신호를 수신하여 화재의 발생을 표시 및 경보하는 장치

정답   ①

07 화재 발생으로 수신된 화재신호를 표시하는 등으로서 화재 발생을 수신기의 전면에 표시하는 등과 해당 경계구역을 표시하는 등에 대한 각각의 명칭으로 옳은 것은?

① 지구 표시등, 화재 표시등   ② 화재 표시등, 지구 표시등

③ 경계 표시등, 지구 표시등   ④ 경계 표시등, 시각 표시등

> **해설**   표시등의 정의
>
> 화재 발생으로 수신된 화재신호를 표시하는 등으로 화재 표시등과 지구 표시등이 있다.
> - 화재 표시등 : 수신된 화재신호를 수신기의 전면에 화재 발생을 표시하는 등
> - 지구 표시등 : 화재를 탐지한 감지기의 해당 경계구역을 표시하는 등으로서 발신기의 위치를 알려주는 등

정답   ②

08 자동화재탐지설비의 구성 요소인 화재 발생 시 화재신호를 소리로 알려주는 장치의 명칭으로 각 각 옳은 것은?

① 주음향장치, 지구음향장치   ② 회로음향장치, 지구음향장치

③ 수신기음향장치, 지구음향장치   ④ 주음향장치, 경계음향장치

> **해설**   음향장치의 정의
>
> 화재신호를 소리로 알려주는 장치로서 주경종 및 지구경종 음향장치가 있다.
> - 주음향장치 : 수신기 내부 또는 직근(가까운 위치)에 설치되는 음향장치
> - 지구음향장치 : 각 경계구역의 발신기세트에 설치되어 있는 음향장치

정답   ①

09 자동화재탐지설비의 설치대상 중 노유자 생활시설의 모든 층에 해당하지 않는 노유자 시설 및 숙박시설의 수련시설로서 수용인원 100명 이상의 모든 층에 설치하는 경우의 연면적은 얼마 이상인가?

① 연면적 $400[m^2]$ 이상　　　　　② 연면적 $600[m^2]$ 이상

③ 연면적 $1000[m^2]$ 이상　　　　④ 연면적 $2000[m^2]$ 이상

해설　노유자 및 숙박수련 시설의 설치대상

노유자 생활시설의 모든 층에 해당하지 않는 노유자 시설로서 연면적 $400[m^2]$ 이상인 노유자 시설 및 숙박시설의 수련시설로서 수용인원 100명 이상의 모든 층

정답　①

10 자동화재탐지설비의 설치대상 중 근린생활시설(목욕장 제외), 의료시설(정신의료기관 및 요양병원은 제외), 위락시설, 장례시설 및 복합건축물로서 연면적 얼마의 모든 층에 설치해야하는가?

① 연면적 $400[m^2]$ 이상　　　　　② 연면적 $600[m^2]$ 이상

③ 연면적 $1000[m^2]$ 이상　　　　④ 연면적 $2000[m^2]$ 이상

해설　위락시설

근린생활시설(목욕장 제외), 의료시설(정신의료기관 및 요양병원은 제외), 위락시설, 장례시설 및 복합건축물로서 연면적 $600[m^2]$ 이상의 모든 층

정답　②

11 자동화재탐지설비 경계구역의 설치 기준으로 틀린 것은?

① 하나의 경계구역이 2개 이상의 건축물에 미치지 않도록 할 것

② 하나의 경계구역이 2개 이상의 층에 미치지 않도록 할 것

③ 인접층의 바닥면적의 합이 600[㎡] 이하의 범위 안에서는 2개의 층을 하나의 경계구역으로 설정할 수 있다.

④ 하나의 경계구역의 면적은 600[㎡] 이하로 하고 한 변의 길이는 50[m] 이하로 할 것

해설 수평적 경계구역 설치기준
- 하나의 경계구역이 2개 이상의 건축물에 미치지 않도록 할 것
- 하나의 경계구역이 2개 이상의 층에 미치지 않도록 할 것
  (다만, 500[㎡] 이하의 범위 안에서는 2개의 층(인접층)을 하나의 경계구역으로 가능)
- 2개의 층 : 직하층 또는 직상층으로 분리되지 않는 인접층을 의미함
- 하나의 경계구역의 면적은 600[㎡] 이하로 하고 한 변의 길이는 50[m] 이하로 할 것
  (다만, 해당 특정소방대상물의 주된 출입구에서 그 내부 전체가 보이는 것에 있어서는 한 변의 길이가 50[m]의 범위 내에서 1,000[㎡] 이하로 가능)

정답 ③

12 자동화재탐지설비 경계구역의 설치 기준에서 하나의 경계구역에 대한 높이는 얼마 이하로 설치하여야 하는가?

① 25[m] 이하   ② 35[m] 이하
③ 45[m] 이하   ④ 55[m] 이하

해설 수직적 경계구역 설치
하나의 경계구역은 높이 45[m] 이하(계단 및 경사로에 한한다)로 하고, 지하층의 계단 및 경사로는 별도로 하나의 경계구역으로 하여야 한다.

정답 ③

자동화재탐지설비 구성요소

---

01 / 감지기

1 개요

자동화재탐지설비의 구성요소 중 화재 발생 시 화재를 자동으로 탐지(Detector)할 수 있는 장치가 필요하다. 이를 위해 화재로 인해 발생하는 열, 연기, 불꽃 등으로부터 초기에 자동으로 탐지할 수 있는 장치를 말한다.

2 정의

감지기란? 화재 시 발생하는 열, 연기, 불꽃 또는 연소생성물을 자동으로 탐지하여 수신기에 발하는 장치이다.

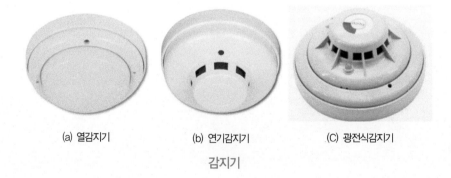

(a) 열감지기   (b) 연기감지기   (C) 광전식감지기

감지기

③ 감지기의 구성요소

감지기는 화재를 탐지만하는 감지기와 탐지 및 경보까지 작동하는 경보형 감지기가 있으나, 본 단원에서는 감지기만 다루고 단독경보형 감지기는 차후에 비상경보장치와 함께 다루고자한다.

▢ 대부분의 감지기는 탐지만 담당하는 감지기로 구성되어 있다. 탐지는 감지기에서 한 후 탐지신호를 수신기로 전송하는 장치이다. 따라서 여러 개의 감지기가 하나의 수신기에 연결되는 회로로 구성된다. 즉, 감지기와 감지기 또는 감지기와 수신기와 연결된다.

▢ 감지기의 구조는 화재를 탐지하는 감지부인 본체와 수신기 및 다른 감지기와 연결하는 접속부인 배이스, 정상 작동여부를 표시하는 작동표시등으로 구성되어 있다.

감지기 본체와 베이스

④ 감지기 분류

4-1 감지기 종류

감지기는 감지대상물인 열, 연기, 불꽃 등에 따라 크게 분류할 수 있다. 또한 감지방식, 감지범위, 구조 및 작동원리에 따라 세부적으로 구분된다.
감지감도에 따라 특종, 1종, 2종, 3종(특,1,2,3종)의 우선순으로 나눌 수 있다.

감지기의 분류

감지기	열감지기	차동식	분포형	• 공기관식 • 열전대식 • 열반도체식
			스포트형	
		정온식	감지선형	(특,1,2종)
			스포트형	(특,1,2종)
		보상식	스포트형	
		열복합식	스포트형	
	연기감지기	광전식	분리형 (1,2,3종)	• 축적형 • 비축적형
			스포트형 (1,2,3종) 산란광 / 감광	• 축적형 • 비축적형
			공기흡입형	
		이온화식	스포트형 (1종,2종,3종)	• 축적형 • 비축적형
	불꽃감지기	적외선		
		자외선		
		복합형		
		불꽃영상 분석식		
	다신호식감지기 (복합식감지기)	열복합형		
		연기복합형		
		열·연복합형		
	아날로그식감지기			

4-2 부착 높이

자동화재탐지설비의 감지기는 부착 높이에 따라 분류할 수 있다.

감지기 부착 높이

부착 높이	감지기 종류

$4\,[m]$ 미만	- 차동식 (스포트형, 분포형)
	- 보상식 (스포트형)
	- 정온식 (스포트형, 감지선형)
	- 이온화식
	- 광전식(스포트형, 분리형, 공기흡입형)
	  열복합형
	  연기복합형
	  열연기복합형
	  불꽃감지기

$4 \sim 8\,[m]$ 미만	- 차동식 (스포트형, 분포형)
	- 보상식 (스포트형)
	- 정온식 (스포트형, 감지선형) 특종 또는 1종
	- 이온화식 1종 또는 2종
	- 광전식(스포트형, 분리형, 공기흡입형) 1종 또는 2종
	  열복합형
	  연기복합형
	  열연기복합형
	  불꽃감지기

$8 \sim 15\,[m]$ 미만	- 차동식 (분포형)
	- 이온화식 1종 또는 2종
	- 광전식(스포트형, 분리형, 공기흡입형) 1종 또는 2종
	  연기복합형
	  불꽃감지기

$15 \sim 20\,[m]$ 미만	- 이온화식 1종
	- 광전식(스포트형, 분리형, 공기흡입형) 1종
	  연기복합형
	  불꽃감지기

$20\,[m]$ 이상	- 광전식(분리형, 공기흡입형) 중 아날로그방식 불꽃감지기

지하층·무창층(창이 없는 층) 등으로서 환기가 잘되지 아니하거나 실내면적이 40[㎡] 미만인 장소, 감지기의 부착면과 실내바닥과의 거리가 2.3[m] 이하인 곳으로서 일시적으로 발생한 열·연기 또는 먼지 등으로 인하여 화재신호를 발신할 우려가 있는 장소에는 아래와 같은 적응성 있는 축적형 감지기를 설치하여야 한다.

★ 축적형 감지기의 종류

일시적으로 발생한 열·연기 또는 먼지 등으로 인하여 화재신호를 발신할 우려가 있는 장소에는 아래와 같은 적응성 있는 아래의 축적형감지기를 설치한다.

① 불꽃감지기

② 정온식감지선형감지기

③ 분포형감지기

④ 복합형감지기

⑤ 광전식분리형감지기

⑥ 아날로그방식의 감지기

⑦ 다신호방식의 감지기

⑧ 축적방식의 감지기

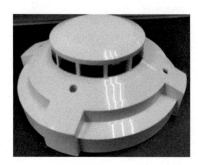

아날로그 감지기

▫ 비고

1) 감지기별 부착 높이 등에 대하여 별도로 형식승인을 받은 경우에는 그 성능 인정범위 내에서 사용할 수 있다.

2) 부착 높이 20m 이상에 설치되는 광전식 중 아날로그방식의 감지기는 공칭감지농도 하한값이 감광율 5%/m 미만인 것으로 한다.

★ 기사/산업기사에 자주 출제되는 기준에 따른 감지기 종류

• 8m 이상~15m 미만

• 15m 이상~20m 미만

• 20m 이상 영역

5 감지기의 작동원리

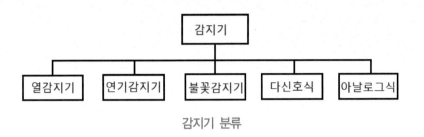

감지기 분류

5-1 열감지기

열감지기란? 화재 발생 시 화재에 의한 열을 탐지하여 자동으로 화재신호를 발하는 기기이다.

- 열감지기의 작동 방식 : 공기팽창, 열기전력, 열반도체에 의해 작동
- 열감지기의 종류 : 차동식 감지기, 정온식 감지기, 보상식 감지기로 구분된다.

5-1-1 차동식 감지기

1) 차동식스포트형 감지기

주위 온도가 일정한 온도상승률 이상이 되는 경우 열에 의해 작동되는 감지기

- 일국소(Spot)에서 열 발생으로 작동되는 감지기
- 종류에는 감지소자에 따라 공기식, 열전대식, 열반도체식이 있다.

차동식스포트형 감지기

(1) 공기식

① 작동 원리 : 화재로 인한 온도상승으로 감지기의 감열실 내부의 공기가 팽창한다. 이 팽창된 공기가 아주 얇은 금속판에 주름이 잡힌 다이어프램을 밀어올려 접점이 붙게 된다. 따라서 닫힌 회로에 의해 화재신호가 수신기에 발하여진다.

② 오동작 방지 기능 : 일상적인 완만한 온도상승에서는 리크구멍으로 열을 배출할 수 있도록하여 접점이 붙지 않도록 한다.

(2) 열전대식

① 서로 다른 두 금속을 양단에 접합시킨 열전대부의 한 쪽은 일정한 온도를 유지하고, 다른 한 쪽은 온도차를 변화시켜 접점의 온도차로 인해 발생하는 열전류로 감지기를 작동시키는 제백효과를 이용한 방식이다.

② 두 금속의 접점의 온도 상승으로 발생되는 열전류가 릴레이 접점을 붙게 하여 화재신호를 수신기에 발하여진다.

(3) 열반도체식

① 일반적인 물질은 온도가 상승하면 매질이 활발히 진동하여 전류의 흐름을 방해한다. 그러나 반도체(서미스터)는 이와 반대로 온도가 상승하면 저항이 감소하여 전류가 더 잘 흐른다.

② 열반도체식은 화재로 인한 온도 상승으로 반도체의 저항이 감소되어 더 큰 전류가 릴레이를 작동시켜 수신기로 화재신호를 발한다.

▣ 스포트형 감지기 설치기준

차동식 · 정온식 · 보상식 스포트형 감지기의 설치기준은 다음과 같다.

(다만, 교차회로방식에 사용되는 감지기, 급속한 연소 확대가 우려되는 장소에 사용되는 감지기 및 축적기능이 있는 수신기에 연결하여 사용하는 감지기는 축적기능이 없는 것으로 설치할 것.)

① 감지기는 실내로의 공기유입구로부터 1.5[m] 이상 떨어진 위치에 설치

   (단, 차동식분포형은 제외)

② 감지기는 천장 또는 반자의 옥내에 면하는 부분에 설치

③ 보상식스포트형 감지기는 정온점이 감지기 주위의 평상시 최고 온도보다 20[℃] 이상 높은 것으로 설치

④ 정온식 감지기는 주방·보일러실 등으로서 다량의 화기를 취급하는 장소에 설치하되, 공칭작동 온도가 최고 주위 온도보다 20[℃] 이상 높은 것으로 설치

⑤ 스포트형 감지기(차동식스포트형·보상식스포트형 및 정온식스포트형 감지기)는 그 부착 높이 및 특정소방대상물에 따라 다음 표에 따른 바닥면적마다 1개 이상을 설치할 것

⑥ 스포트형 감지기는 45° 이상 경사되지 아니하도록 부착할 것

★ 차동식, 보상식 및 정온식 스포트형 열감지기의 부착 높이[m] 및 특정소방대상물의 바닥면적 [m²]별 설치기준에 따라 1개 이상의 감지기를 설치해야 한다.

● 차동식스포트형과 보상식스포트형의 설치기준이 같다.

● 차동식·보상식스포트형의 2종과 정온식스포트형의 특종의 설치기준도 같다.

스포트형 열감지기의 설치기준(높이 및 바닥면적)

부착 높이	소방대상물	차동식·보상식 스포트형 $[m^2]$		정온식 스포트형 $[m^2]$		
		1종	2종	특종	1종	2종
4[m] 미만	내화구조	90	70	70	60	20
	일반(기타)구조	50	40	40	30	15
4[m] 이상 ~8[m] 미만	내화구조	45	35	35	30	
	일반(기타)구조	30	25	25	15	

★ 기사/산업기사에 자주 출제되는 기준으로 반드시 기억해야 한다.

2) 차동식분포형 감지기

차동식분포형 감지기란? 스포트형인 일국소와는 반대로 넓은 범위(분포형)에서 화재로 인한 열의 누적으로 주위온도가 일정상승률(20 °C ~ 30 °C) 이상이 되는 경우 작동되는 분포형 감지기이다.

● 감지소자의 방식에 따라 공기관식, 열전대식, 열반도체식으로 구분된다.

● 대부분 공기관식분포형 감지기를 사용한다.

(1) 공기식분포형 감지기

공기관식분포형 감지기란? 넓은 범위에 공기관(공기를 주입시킨 관)을 설치하여 화재로 인한 열이 공기관 내의 공기를 팽창시키게 된다. 이때 발생한 압력이 검출부 안에 있는 다이어프램의 접점을 붙게 하여 감지기가 작동하는 원리를 이용한 감지기이다.

(2) 열전대식분포형 감지기

열전대식분포형 감지기?란 화재 발생 시 서로 다른 두 금속을 양단에 접합시킨 열전대부가 가열되어 온도가 상승하게 되면 열기전력이 발생한다. 이 열전류가 릴레이를 여자시켜 접점이 붙게 되므로 감지기가 작동되어 수신기에 화재신호를 발신한다.

(3) 열반도체식분포형 감지기

열반도체식분포형 감지기란? 화재 발생시 열로 인한 온도상승으로 반도체의 저항이 감소되어 더 큰 전류가 흘러서 릴레이를 작동시켜 수신기로 화재신호를 발한다.

▣ 차동식분포형 감지기의 설치기준
■ **공기관식 차동식분포형 감지기**
① 공기관의 노출부분은 감지구역마다 20[m] 이상이 되도록 설치
② 공기관과 감지구역의 각 변(벽)과의 수평거리(이격거리)는 1.5[m] 이하가 되도록 설치
③ 공기관 상호간의 거리(이격거리)
　　– 일반구조 소방대상물 : 6[m] 이하로 설치
　　– 내화구조 소방대상물 : 9[m] 이하로 설치
④ 공기관은 도중에서 분기하지 아니하도록 할 것(분기 불가)
⑤ 하나의 검출부분에 접속하는 공기관의 길이는 100[m] 이하로 할 것
⑥ 검출부는 5° 이상 경사되지 아니하도록 부착할 것
⑦ 검출부의 부착 높이 : 바닥으로부터 0.8[m] 이상~1.5[m] 이하의 위치에 설치

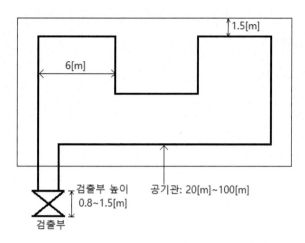

공기관식차동식분포형 감지기(내화구조 : 6[m])

■ **열전대식 차동식분포형 감지기**

① 열전대부는 감지구역의 바닥면적

　　– 일반구조 소방대상물 : 바닥면적 18[㎡]마다 1개 이상 설치

　　– 내화구조 소방대상물 : 바닥면적 22[㎡]마다 1개 이상 설치

　　　단, 열전대식 차동식분포형 감지기 4개 이상 설치 대상 :

　　– 일반구조 바닥면적 72[㎡] 이하인 경우

　　– 내화구조 바닥면적 [88㎡] 이하인 경우

② 하나의 검출부에 접속하는 열전대부는 20개 이하(4개 이상~20개 이하)로 할 것.

　　(다만, 각각의 열전대부에 대한 작동여부를 검출부에서 표시할 수 있는 것(주소형)은 형식승인 받은 성능인정범위 내의 수량으로 설치할 수 있다.)

■ **열반도체식 차동식분포형 감지기**

① 열반도체식 차동식분포형 감지기의 부착 높이$[m]$ 및 바닥면적$[m^2]$별 설치기준

　　(다만, 바닥면적이 다음 표에 따른 면적의 2배 이하인 경우에는 2개 이상 설치

　　예외 : 부착 높이가 8[m] 미만이고, 바닥면적이 다음 표에 따른 면적 이하인 경우에는 1개 이상 설치)

② 하나의 검출기에 접속하는 감지부는 2개 이상 ~ 15개 이하가 되도록 설치

　　(다만, 각각의 감지부에 대한 작동여부를 검출기에서 표시할 수 있는 것(주소형)은 형식승인 받은 성능인정 범위내의 수량으로 설치할 수 있다.)

차동식분포형 감지기 설치기준

부착 높이	소방대상물	1종	2종
8[m] 미만	내화구조	$65[m^2]$	$36[m^2]$
	일반(기타)구조	$40[m^2]$	$23[m^2]$
8[m] 이상 ~15[m] 미만	내화구조	$50[m^2]$	$36[m^2]$
	일반(기타)구조	$30[m^2]$	$23[m^2]$

예제 자동화재탐지설비 및 시각경보장치의 화재안전기준(NFSC 203)에 따라 공기관식 차동식 분포형감지기를 설치 시 하나의 검출부분에 접속하는 공기관의 길이는 몇 m 이하로 하여야 하는가?

① 6

② 20

③ 50

④ 100

해설 공기관식 차동식 분포형 감지기의 설치기준

– 공기관의 노출부분은 감지구역마다 20[m] 이상이 되도록 할 것

– 하나의 검출부분으로 접속하는 공기관의 길이는 100[m] 이하로 할 것

고로, 공기관은 길이는 20~100[m] 이하

정답 ④

예제 건축물의 주요 구조부가 내화구조로 된 바닥면적 $70[m^2]$인 특정소방대상물에 설치하는 열전대식 차동식분포형 감지기의 열전대부는 몇 [개] 이상이어야 하는가?

① 2

② 3

③ 4

④ 5

차동식분포형 감지기의 열전대부

열전대식 차동식분포형 감지기의 설치기준

- 열전대부는 감지구역의 바닥면적 18$[m^2]$(내화구조 22$[m^2]$)마다 1개 이상으로 할 것

  다만, 바닥면적이 72$[m^2]$(내화구조 88$[m^2]$) 이하인 특정소방대상물에 있어서는 4개 이상으로 할 것

- 하나의 검출부에 접속하는 열전대부는 20개 이하로 할 것

③

5-1-2 정온식 감지기

주위온도가 설정한 일정온도 이상으로 상승하는 경우에 작동하는 열감지기이다.

- 정하는 설정온도 이므로 정온식이라고 한다.
- 주방은 거실과 달리 요리 시 온도가 갑자기 상승하므로 차동식 감지기를 사용하지 않고 대신에 정온식 감지기를 설치한다.
- 정온식 감지기에는 정온식 스포트형과 정온식 분포형이 있다.

1) 정온식스포트형 감지기

정온식스포트형 감지기란? 일정구역 내의 주위 온도가 설정한 일정온도 이상이 되는 경우, 국소 (Spot)의 열에 의해 작동되는 기능을 이용한 감지기로서 외관이 전선이 아니다.

(1) 감지장치의 종류

① 바이메탈을 이용한 방식 : 팽창과 수축이 다른 두 금속을 붙인 바이메탈의 팽창을 이용한 방식
  - 바이메탈 활(湖)곡 방식 : 화재로 인해 발생한 열에 의해 바이메탈이 팽창하여 활처럼 휘어져 접점에 닿는 원리를 이용한 방식
  - 바이메탈 반전(反轉) 방식 : 바이메탈의 원판을 반전시켜 접점을 닿게 하는 원리를 이용한 방식
② 열팽창 계수를 이용한 방식 : 팽창계수가 다른 금속이나, 기체.액체를 이용한 방식
  - 금속의 열팽창 계수를 이용한 방식 : 팽창계수가 다른 큰 금속판과 작은 금속판을 나란히 이격시켜 열에 의해 접점이 닿게 하는 원리를 이용한 방식

- 기체, 액체의 열팽창 계수를 이용한 방식 : 화재로 인한 열에 의해 규정온도 이상이 되면 반전판 수열체 내의 액체가 기화하여 팽창되므로 접점이 닿게 하는 원리를 이용한 방식

2) 정온식감지선형 감지기

정온식감지선형 감지기란? 일국소가 아닌 넓은 범위에 감지선을 설치하여 화재 시 열로 인해 가용절연물이 녹아 전선이 단락되어 화재신호를 발하는 감지기
- 외관은 2가닥의 전선(감지선)으로 되어 있다.

(1) 구조

감지선 전체가 감열부인 것과 일정한 간격마다 감열부인 구조가 있다.

(2) 작동원리

화재 발생 시 열로 인해 가용절연물이 녹아서 2가닥 전선이 단락되어 감지기가 작동된다.

(3) 설치기준

건물, 창고, 상업 시설 등의 다양한 장소에 사용된다.
① 보조선이나 고정금구를 사용하여 감지선이 늘어지지 않도록 설치
② 단자부와 마감 고정금구와의 설치간격은 10[㎝] 이내로 설치
③ 감지선형 감지기의 굴곡반경은 5[㎝] 이상이 되게 설치
④ 감지기와 감지구역의 각 부분과의 수평거리가 내화구조의 경우 1종 4.5[m] 이하, 2종 3[m] 이하로 할 것. 기타 구조의 경우 1종 3[m] 이하, 2종 1[m] 이하로 할 것
⑤ 케이블트레이에 감지기를 설치하는 경우에는 케이블트레이 받침대에 마감금구를 사용하여 설치
⑥ 지하구나 창고의 천장 등에 지지물이 적당하지 않는 장소에서는 보조선을 설치하고 그 보조선에 설치
⑦ 분전반 내부에 설치하는 경우 접착제를 이용하여 돌기를 바닥에 고정시키고 그 곳에 감지기를 설치

☆ 정온식감지선형 감지기와 감지구역 간의 수평거리

소방대상물	1종	2종
내화구조	4.5[m] 이하	3[m] 이하
일반(기타)구조	3[m] 이하	1[m] 이하

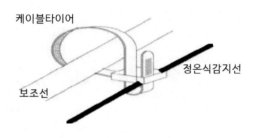

정온식감지선형 감지기

☆ 정온식 감지기

정온식스포트형 감지기와 정온식감지선형 감지기의 비교

구분	정온식스포트형감지기	정온식감지선형감지기
공통점	주위온도가 설정온도 이상인 경우 작동함	
차이점	• 일국소(Spot) • 외관이 전선 아님	• 넓게 분포 • 외관이 전선

정온식스포트형 감지기

5-1-3 보상식 감지기

보상식 감지기(Compensation Type Detector)란? 차동식과 정온식의 탐지기능을 가진 열감지기이다.

- 차동식과 정온식의 신호 중 하나만 작동하여도 화재신호를 수신기에 발하는 병렬(OR)회로로 구성된 감지기이다.
- 화재 시 주위의 온도가 서서히 상승하는 경우 차동식 감지기로 화재탐지가 불리한 단점을 보완하기 위해 보상식 감지기가 사용된다.
- 실제 사용되는 열감지기는 차동식 및 정온식 감지기이며 보상식 감지기는 시공하지 않는다.

(1) 작동원리

① 차동식은 열에 의해 팽창된 감압실의 내부공기가 다이어프램의 주름을 펴면서 들어올려져 접점을 작동시킨다.
② 정온식은 열에 의해 변형된 바이메탈이 다이어프램의 주름을 펴면서 들어올려져 접점을 작동시킨다.
③ 오보방지를 위해 일상의 온도에 의해 팽창되는 공기는 리크구멍(누출밸브)으로 내보낸다.

☆ 열감지기

열감지기 비교

구분	차동식 감지기	정온식 감지기	보상식 감지기
작동원리	주위온도가 일정상승률 이상 시	주위온도가 설정한 온도 이상 시	차동식＋정온식 병렬로 조합
설치장소	거실, 사무실	주방, 보일러실	

5-2 연기감지기

연기감지기란? 화재 발생 시 연기를 감지하여 화재신호를 발하는 감지기이다.
감지방식에는 광전식과 이온화식으로 구분된다.

5-2-1 광전식 연기감지기

1) 광전식스포트형 연기감지기

일국소에 대하여 화재 시 연기로 인해 빛이 난반사로 산란되거나 차단되는 원리를 이용한 감지기이다.

- 감지기 내에 빛을 보내는 발광소자와 발광된 빛을 모으는 수광소자로 구성된다.
- 종류에는 광전식스포트형 감지기와 광전식 분리형 감지기가 있다.

(1) 작동원리

작동원리는 화재 시 발생한 연기에 의해 감지기 내의 수광소자에서 보내는 빛이 산란되거나 차단됨으로 인해 수광소자에 도달하는 빛의 량으로 연기의 농도를 탐지하여 감지기가 작동된다.

- ▫ 작동원리에 따라 산란광식과 감광식으로 나눠진다.
- 산란광식 : 연기로 인해 난반사된 빛의 량으로 연기의 농도를 탐지하는 방식
- 감광식 : 차단되는 빛의 감도로 연기의 농도를 탐지하는 방식

광전식스포트형 감지기의 감도 분류

광전식스포트형 감지기	1종	2종	3종
연기농도	5[%]	10[%]	15[%]

광전식연기감지기

2) 광전식분리형 연기감지기

광전식분리형 연기감지기란? 넓은 범위에 발광부와 수광부를 분리하여 연기를 탐지하는 감지기이다.

- 연기의 누적으로 인한 수광량을 탐지하여 작동한다.
- 발광부와 수광부의 이격거리 : 5[m]~100[m]

(1) 작동원리

발광부에서 보내는 적외선은 화재 발생 시 연기로 인하여 산란되므로 수광부에 도달하는 적외선의 수광량이 감소된다. 이 변화량을 탐지하여 감지기를 작동시켜 화재신호를 발한다.

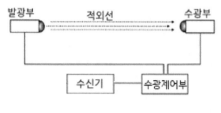

광전식분리형 연기감지기

(2) 광전식분리형 연기감지기 설치기준

① 감지기의 수광면은 햇빛을 직접 받지 않도록 설치
② 광축(송광면과 수광면의 중심을 연결한 선)은 나란한 벽으로부터 0.6[m] 이상 이격하여 설치
③ 감지기의 송광부와 수광부는 설치된 뒷벽으로부터 1[m] 이내 위치에 설치
④ 광축의 높이는 천장 높이의 80[%] 이상
⑤ 감지기의 광축의 길이는 공칭감시거리 범위 이내

(3) 광전식분리형감지기 또는 불꽃 감지기 설치장소

① 광전식분리형 감지기 또는 불꽃 감지기의 설치장소 : 화학공장 · 격납고 · 제련소 등
② 설치 시 고려사항 : 각 감지기의 공칭감시거리 및 공칭시야각 등 감지기의 성능

3) 광전식공기흡입형 연기감지기

공기흡입형광전식 감지기란? 공기의 유속이 빠르거나 연기의 입자가 아주 작은 경우 화재탐지가 지연되는 문제점이 발생하므로 이를 개선하기 위한 감지기이다.

● 화재 발생 시 초기단계의 미립자(0.005~0.02[μm] 정도의 크기)를 탐지하는 감지기이다.

(1) 작동원리

연기미립자가 습기와 물방울을 형성하여 부피가 커지는 원리를 이용하기 때문에 화재 발생 시 초기단계에서 신속하게 화재를 탐지할 수 있다.
탐지과정은 다음과 같다.

① 감지구역의 공기를 흡입한다.

② 챔버 내의 압력을 변화시켜 응축함으로써 습기와 물방울을 만든다.

③ 광전식 탐지창치로 물방울의 수적(Water Droplet)밀도를 측정한다.

④ 밀도가 설정치 이상인 경우 화재신호를 발한다.

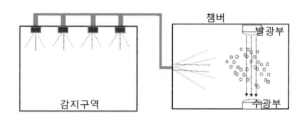

광전식공기흡입형 연기감지기

(2) 광전식공기흡입형 연기감지기 설치기준

① 광전식공기흡입형 감지기의 설치장소 : 전산실 또는 반도체 공장 등

② 설치 시 고려사항 : 설치장소·감지면적 및 공기흡입관의 이격거리 등 형식승인 내용
   (다만, 형식승인 사항이 아닌 것은 제조사의 시방에 따라 설치)

5-2-2 이온화식 연기감지기

이온화식 연기감지기란? 검지부에 들어오는 연기량의 변화에 따라 이온전류가 변화되는 량을 이용한 감지기이다.

(1) 작동원리

검지부에 들어오는 연기량의 변화에 따라 이온전류가 변화되어 외부이온실과 내부이온실의 전압차가 발생된다. 이 전압차를 증폭시킨 후 전기회로를 작동시켜 중계기 또는 수신기로 화재신호를 발하는 원리를 이용한다.

이온화식연기감지기

5-2-3 축적형광전식 연기감지기

축적형광전식 감지기란? 화재 발생 시 일정농도 이상의 연기가 일정시간 동안 지속적으로 발생하는 것을 탐지하여 작동하는 감지기

● 축적의 목적 : 일시적인 연기에 의한 오동작 방지를 위함

(1) 작동원리

① 일정시간 동안 지속적으로 발생한 연기가 축적되어 감지기가 작동한다.

② 연기의 지속축적시간 : 5[초] 이상~60[초] 이하

③ 공칭축적시간 : 10[초] 이상~60[초] 이하 범위에서 10[초] 간격

5-2-4 축적형광전식 연기감지기

(1) 설치 높이 및 면적

감지기의 부착 높이에 따라 다음 표에 따른 바닥면적마다 1개 이상 설치

연기감지기 설치기준

부착 높이	1종, 2종	3종
4[m] 미만	150[m²]	50[m²]
4[m] 이상~20[m] 미만	75[m²]	

(2) 설치대상

① 계단 · 경사로 및 에스컬레이터 경사로에는 15[m]마다 1개 이상 설치

② 복도 및 통로에는 30[m](3종은 20[m])마다 1개 이상 설치
   (단, 30[m] 미만은 제외)

③ 엘리베이터 승강로(권상기실이 있는 경우는 권상기실) · 린넨슈트 · 파이프 피트 및 덕트 기타 이와 유사한 장소

④ 천정 또는 반자의 높이가 15[m] 이상 ~ 20[m] 미만의 장소

⑤ 천장 또는 반자가 낮은 실내 또는 좁은 실내에 있어서는 출입구의 가까운 부분에 설치

⑥ 천장 또는 반자 부근에 배기구가 있는 경우에는 그 부근에 설치

⑦ 감지기는 벽 또는 보로부터 0.6[m] 이상 떨어진 곳에 설치

⑧ 취침 · 숙박 · 입원 등 이와 유사한 용도로 사용되는 거실

- 공동주택 · 오피스텔 · 숙박시설 · 노유자시설 · 수련시설
- 교육연구시설 중 합숙소
- 의료시설, 근린생활시설 중 입원실이 있는 의원 · 조산원
- 교정 및 군사시설
- 근린생활시설 중 고시원

5-3 불꽃감지기

화염인 불꽃은 초기 발생부터 연소 특성을 갖는다. 이 특성 중에 자외선과 적외선은 육안으로는 구분되지 않으므로 각각의 센서를 이용하여 수광부에서 방사되는 특정 파장을 검출하여 변화량을 탐지한다.

불꽃감지기란? 화염의 불꽃에서 많이 발생되는 특정 파장(적외선, 자외선 등)과 깜박거림이 일정한 값 이상으로 발생될 때 작동하는 감지기이다.

- 자외선 및 적외선 불꽃감지기는 특정 파장대역만을 감지하므로 비화재보를 줄일 수 있는 장점을 갖는다.

(1) 구성

- 발광부 : 자외선의 파장은 180[nm]~260[nm]이고, 적외선의 파장은 4[μm]~5[μm]이다.
- 수광부 : 불꽃에서 방사되어 자외선 파장은 수광부의 자외선 센서에 탐지되는 응답파장은 185[nm]~260[nm]이고, 적외선 센서에 탐지되는 응답파장은 4.3[μm]±0.2[μm]이다.

(2) 작동원리

① 자외선식 불꽃감지기

화재 발생 시 불꽃(화염)에서 방사되는 파장 중에 자외선 파장(180[nm]~260[nm])의 변화량을 수광부의 수광소자로 자외선 응답파장(185[nm]~260[nm])를 탐지하여 감지기를 작동시킨다.

② 적외선식 불꽃감지기

화재 발생 시 불꽃(화염)에서 방사되는 파장 중에 적외선 파장(4[㎛]~5[㎛])의 변화량을 수광부의 수광소자로 적외선 응답파장(4.3[㎛]±0.2[㎛])를 탐지하여 감지기를 작동시킨다.

불꽃감지기(출처 : 한국소방공사)

(3) 종류

종류에는 파장의 따라 적외선식, 자외선식, 자외선 · 적외선 겸용 방식의 불꽃감지기로 구분된다. 수광소자로 불꽃의 변화량을 검출한다.

① 적외선식 불꽃감지기 : 화염의 불꽃에서 방사되는 적외선(Infrared Ray)의 량이 일정량 이상일 때 작동하는 감지기

- 일국소의 적외선이 적외선 센서(수광소자)에 도달하는 수광량의 변화에 의해 감지기가 작동된다.

② 자외선식 불꽃감지기 : 화염의 불꽃에서 방사되는 자외선(Ultraviolet Ray)의 량이 일정량 이상일 때 작동하는 감지기

- 자외선 센서에 수광되는 특정 파장으로 인해 광전자가 발생되어 전류가 흐른다. 이 전류의 양에 따라 검출된 파장의 상대 강도를 측정하여 일정량 이상인 경우에 감지기를 작동시킨다.
- 화재 발생 시 급속한 화염을 방출되는 위험지역인 수소, 석유화학제조시설, 가스제조 및 저장소, 화약제조 및 저장고, 화약류 취급장소 등의 신속한 탐지가 요구되는 곳에 적합하다.

③ 자외선 · 적외선 불꽃감지기 : 화염의 불꽃에서 나오는 자외선 및 적외선의 량이 일정량 이상일 때 작동하는 감지기

- 자외선 · 적외선겸용형 : 자외선센서와 적외선센서가 모두 동작 시 작동되는 불꽃감지기
- 자외선 · 적외선복합형 : 자외선센서 또는 적외선센서 중 하나만 동작하거나 두 개의 센서가 동시에 동작 시에도 작동되는 불꽃감지기

④ 영상분석식 불꽃감지기 : 화염의 불꽃에 대한 영상을 분석하여 작동하는 감지기

⑤ 복합형영상분석식 불꽃감지기 : 화염의 불꽃에 대한 자외선·적외선의 영상을 분석하여 동시에 일정량 이상이 탐지될 때 작동하는 감지기

적외선식 · 자외선식 불꽃감지기 비교

구분	적외선	자외선
응답 파장	$4.3[\mu m] \pm 0.2[\mu m]$	$185[nm] \sim 260[nm]$
응답 시간	$0.5[\text{sec}] \sim 5[\text{sec}]$	$0.1[\text{sec}] \sim 3[\text{sec}]$

(4) 설치기준

자외선식 및 적외선식 불꽃감지기의 설치기준은 동일하다.

① 공칭감시거리 및 공칭시야각은 형식승인 내용에 따를 것
② 감지기는 공칭감시거리와 공칭시야각을 기준으로 감시구역이 모두 포용될 수 있도록 설치
③ 감지기는 화재감지를 유효하게 감지할 수 있는 모서리 또는 벽 등에 설치
④ 감지기를 천장에 설치하는 경우에는 감지기는 바닥을 향하도록 설치
⑤ 수분이 많이 발생할 우려가 있는 장소에는 방수형 감지기로 설치

적외선식

방수형

불꽃감지기(참고 : 도요텍)

(5) 불꽃감지기의 특징

① 광학적이므로 고감도이다.
② 설치가 용이하다.
③ 수명이 길다.
④ 방폭 설계로 안정성이 우수하다.
⑤ 응답시간 조절이 가능하다.
⑥ 온·습도에 영향을 받지 않는다.

5-4 복합형 감지기

복합형 감지기란? 열, 연기, 불꽃 감지기의 기능 중에 2가지 또는 그 이상이 탐지될 때 작동하는 감지기

(1) 종류
- 열복합형 감지기, 연복합형 감지기, 불꽃복합형 감지기
- 열 · 연복합형 감지기, 열 · 불꽃복합형 감지기, 연 · 불꽃복합형 감지기
- 열 · 연 · 불꽃복합형 감지기

(2) 설치기준
① 열복합형 감지기
차동식 및 정온식 감지기의 2가지 성능이 모두 감지될 때 작동하는 감지기
- 정온점은 일상의 주위온도 보다 20°C 이상 높게 설정
- 차동식분포형 감지기의 설치기준에 준용

② 연복합형 감지기
광전식과 이온화식 감지기의 2가지 성능이 모두 감지될 때 작동하는 감지기
- 연기감지기의 설치기준에 준용

③ 열 · 연복합형 감지기
차동식과 광전식, 차동식과 이온화식, 정온식과 광전식, 정온식과 이온화식으로 조합된 감지기
- 다른 복합형 감지기의 신호방식과 동일하다.

④ 축적형 감지기
일정 농도 이상의 연기가 일정시간 동안 연속해서 검출되어 작동하는 감지기
(다만, 작동시간만 지연시키는 것은 제외)

보상식 감지기와 열복합형 감지기 차이점

구분	보상식 감지기	열복합형 감지기
목적	지연보, 실보 방지용	비화재보 방지용
동작방식	• 차동식 또는 정온식 중 1개 작동 시 발신	• 단신호방식 : 2개 동시 작동 시 발신 • 다신호방식 : 1개씩 각각 작동
회로구성	병렬(OR) 회로	직렬(AND) 회로
설치장소	심부(내부) 화재 우려 장소	오동작 우려 장소

5-5 다신호식 감지기

1개의 감지기에 감지기의 감도 및 종별, 축적 등의 성능이나 기능이 서로 다른 2개 이상의 다신호로 작동되는 감지기이다.
● 일정한 시간 간격으로 서로 다른 2개 이상의 화재신호를 발하는 감지기

(1) 종류
① 정온식
● 정온식스포트형 특종 $60\degree C$과 정온식스포트형 특종 $70\degree C$
● 정온식스포트형 1종 $60\degree C$과 정온식스포트형 1종 $70\degree C$

② 이온화식
● 이온화식스포트형 1종과 이온화식스포트형 2종

③ 광전식
● 광전식스포트형 1종(축적형)과 광전식스포트형 1종(비축적형) 등으로 구성

(2) 작동원리
● 다신호식 수신기를 사용하여 화재신호를 수신
● 사용목적 : 비화재보를 방지

복합형 및 다신호식 감지기 비교

구분	복합형 감지기	다신호식 감지기
감지기	• 이종 감지기로 구성	• 동종 감지기로 구성 • 이종 종별 및 성능
화재신호 발신	• 감지기 동시 작동 시 • 각 감지기 작동 시	• 각 감지소자 작동 시

5-6 아날로그식 감지기

아날로그 감지기란? 감지기 안에 마이크로프로세스 칩이 내장되어 있어서 일정시간 주기로 주위 온도 또는 연기의 변화량을 탐지한 신호를 처리하여 각각 다른 전류값 또는 전압값 등을 수신기로 발신한다.

● 감지기마다 IP주소(Address)가 있어서 수신기에서 감지기의 위치를 파악할 수 있다.

(1) 구성

IP설정부(Dip S/W), 검출부(Photo Diode), A/D(아날로그/디지털) 변환부, 전송제어부, 제어출력부, 전송선I/F 요소로 구성되어 있다.

(2) 종류

● 열스포트형 아날로그감지기
● 광전식아날로그 연기감지기
● 이온화식아날로그 연기감지기

(3) 작동원리

연속적으로 변화되는 온도 또는 연기 농도에 대한 데이터를 수신기에 발신하고 화재의 판단여부는 정보를 전류나 전압 등을 수신기에 전송해 주는 감지기로서 화재에 대한 판단여부는 수신기에서 이루어진다.

다신호식 감지기 및 아날로그식 감지기 비교

구분	다신호식 감지기	아날로그식 감지기
공통점	• 열, 연기변화량을 연속적으로 검출	
차이점	• 감지기 작동 • 화재신호를 발함	• 감지기는 변화량 검출 • 수신기가 화재여부 판단

열 · 연복합형 아날로그식감지기

내부구조

아날로그감지기의 내부구조

예제 내화구조 특정소방대상물의 1층 감지기 부착 높이가 5[m]이고, 경계구역의 면적이 300 $[m^2]$일 때, 차동식스포트형 2종 감지기의 설치개수를 구하시오.

해설 차동식스포트형 2종 감지기를 부착 높이가 5[m]이므로 4[m] 이상 ~ 8[m] 미만인 내화구조의 설치기준은 35$[m^2]$마다 감지기를 설치한다.

정답 감지기의 수 $= \dfrac{300\,[m^2]}{35\,[m^2]} \cong 8.57$

∴ 9 [개]   ⇐절 상

예제 기타구조(일반구조) 특정소방대상물의 1층 감지기 부착 높이가 3.3[m]이고, 경계구역의 면적이 90$[m^2]$일 때, 정온식스포트형 1종 감지기의 설치개수를 구하시오.

해설 정온식스포트형 1종 감지기를 부착 높이가 3.3[m]이므로 4[m] 미만인 내화구조의 설치기준은 $30[m^2]$마다 감지기를 설치한다.

정답 감지기의 수 $= \dfrac{90\,[m^2]}{30\,[m^2]} = 3$
$\therefore$ 3개

5-7 기타 감지기

5-7-1 지하구 감지기

① 지하구에 설치하는 감지기는 먼지 · 습기 등의 영향을 받지 아니하고, 발화지점을 확인할 수 있는 감지기를 설치

5-7-2 적응성 감지기

① 일시적으로 발생한 열 · 연기 또는 먼지 등으로 인하여 화재신호를 발신할 우려가 있는 장소에는 그 장소에 적응성 있는 감지기를 설치할 수 있다.
② 연기감지기를 설치할 수 없는 장소와 설치할 수 있는 장소로 구분된다.

★ 감지기 설치 제외장소
① 천장 또는 반자의 높이가 20[m] 이상인 장소.
② 헛간 등 외부와 기류가 통하는 장소
  (즉, 감지기에 따라 화재발생을 유효하게 감지할 수 없는 장소)
③ 부식성가스가 체류하고 있는 장소
④ 고온도 및 저온도로서 감지기의 기능이 정지되기 쉽거나 감지기의 유지관리가 어려운 장소
⑤ 목욕실 · 욕조나 샤워시설이 있는 화장실 · 기타 이와 유사한 장소
⑥ 파이프덕트 등 그 밖의 이와 비슷한 것으로서 2개 층마다 방화구획된 것이나 수평단면적이 5[m²] 이하인 것
⑦ 먼지 · 가루 또는 수증기가 다량으로 체류하는 장소 또는 주방 등 평시에 연기가 발생하는 장소 (연기감지기에 한한다)
⑧ 프레스공장 · 주조공장 등 화재발생의 위험이 적은 장소로서 감지기의 유지관리가 어려운 장소

★ 동작전류와 감시전류

화재 발생을 자동으로 탐지하는 감지기의 릴레이에 공급되는 전류에는 동작전류와 감시전류로 구분된다.

□ 동작전류

감지기를 작동시키기 위해 릴레이(자동 스위치)를 동작시키는데 필요한 전류를 말한다. 감지기 작동원리는 화재로 인한 온도 상승으로 열이 발생하면 열전현상에 의해 서로 다른 두 도체에 열기전력을 발생시킨다. 이 열기전력이 릴레이 코일에 자화를 형성하므로써 접점을 움직이게 하는 동작전류로 작용하여 화재가 감지된다.

화재가 발생했을 때, 감지기의 릴레이에 흐르는 동작전류 I는 다음과 같다. 즉, 동작전류로 인해 감지기의 릴레이가 단락(Close)되므로 동작전류는 종단저항으로 흐르지 못한다.

$$I = \frac{DC\,전압}{릴레이\,저항 + 배선\,저항} = \frac{DC\,24\,[V]}{(R_R + R_L)\,[\Omega]}$$

□ 감시전류

화재 발생을 감지하기 위해 감시하고 있는 대기상태(평상시)일 때 감지기 회로에 흐르는 전류를 말한다. 감지기의 릴레이 접점이 분리되는 개방(Open) 상태이므로 감시전류는 종단저항을 통해 흐른다. 고로, 저항값은 종단저항이 포함된다.

$$I = \frac{DC\,전압}{릴레이\,저항 + 배선\,저항 + 종단저항} = \frac{DC\,24\,[V]}{(R_R + R_L + R)\,[\Omega]}$$

구분	동작전류	감시전류
상태	릴레이 동작(단락 상태))	릴레이 대기(개방 상태)
전류	동작전류의 자화로 접점이 붙음	감시전류로 접점의 간격 유지

예제	P형 1급 수신기와 감지기의 배선회로에서 릴레이 저항이 $20[\Omega]$, 배선 저항이 $10[\Omega]$일 때, 감시전류와 동작전류를 각각 구하시오.

1) 동작전류$[mA]$는?

2) 감시전류$[mA]$는?

해설 개념 1 : 회로도통시험을 위해 설치하는 종단저항 값은 문제에서 주어지는 경우도 있지만 대부분의 문제에서는 알려주지 않는다. 따라서 감지기 말단의 종단저항의 크기는 $10[k\Omega]$임을 기본으로 알고 있어야 한다.

개념 2 : 감지기의 회로전압은 $DC\ 24[V]$로 공급되는 개념도 알고 있어야 한다.

정답 1) 동작전류$[mA]$는?

$$I = \frac{DC\,전압}{릴레이\,저항 + 배선\,저항}$$
$$= \frac{24[V]}{(20 + 10R_L)[\Omega]}$$
$$= \frac{24}{30} = 0.8[A] = 800[mA]$$

2) 감시전류$[mA]$는?

$$I = \frac{DC\,전압}{릴레이\,저항 + 배선\,저항 + 종단저항}$$
$$= \frac{24[V]}{(20 + 10 + 10 \times 10^3)[\Omega]}$$
$$= \frac{24[V]}{10030[\Omega]} = 2.39 \times 10^{-3}[A]$$
$$= 2.39[mA]$$

01 화재 시 발생하는 열, 연기, 불꽃 또는 연소생성물을 자동으로 탐지하여 수신기에 발하는 장치는?

① 수신기　　　　　　　　　　　② 발신기
③ 감지기　　　　　　　　　　　④ 중계기

해설 감지기 정의

화재 시 발생하는 열, 연기, 불꽃 또는 연소생성물을 자동으로 탐지하여 수신기에 발하는 장치
이다.

정답 ③

02 감지기의 종류가 아닌 것은?

① 열감지기　　　　　　　　　　② 온도감지기
③ 연기감지기　　　　　　　　　④ 불꽃감지기

해설 감지기 종류

감지기는 감지대상물인 열, 연기, 불꽃 등에 따라 크게 분류할 수 있다.

정답 ②

03 다음 중 열감지기의 종류가 아닌 것은?

① 차동식감지기　　　　　　　　② 정온식감지기
③ 보상식감지기　　　　　　　　④ 이온화식감지기

해설 열감지기의 종류

연기감지기에는 광전식과 이온화식으로 구분된다.

정답 ④

04 주위 온도가 일정상승률 이상이 되는 경우 작동하는 감지기는?

① 차동식감지기   ② 정온식감지기

③ 보상식감지기   ④ 이온화식감지기

> **해설** 차동식감지기
>
> 차동식감지기란? 주위 온도가 일정상승률 이상이 되는 경우 작동하는 감지기

> **정답** ①

05 일국소가 아닌 넓은 범위 내에서 주위 온도가 일정상승률 이상이 되는 경우 작동하는 감지기는?

① 차동식스포트형 감지기   ② 차동식분포형형 감지기

③ 정온식스포트형 감지기   ④ 정온식감지선형 감지기

> **해설** 차동식분포형 감지기
>
> 차동식분포형 감지기란? 스포트형인 일국소와는 반대로 넓은 범위(분포형)에서 화재로 인한 열의 누적으로 주위 온도가 일정상승률($20\,^\circ C \sim 30\,^\circ C$) 이상이 되는 경우 작동되는 분포형 감지기이다.

> **정답** ②

06 스포트형 감지기의 설치 기준으로 옳지 않은 것은?

① 감지기는 실내로의 공기유입구로부터 1.5[m] 이상 떨어진 위치에 설치

② 보상식스포트형 감지기의 정온점은 평상시 최고온도보다 20[℃] 이상 높은 것으로 설치

③ 정온식 감지기는 주방 · 보일러실 등으로서 다량의 화기를 취급하는 장소에 설치하되, 공칭작동온도가 최고 주위온도보다 20[℃] 이상 높은 것으로 설치

④ 스포트형 감지기는 15° 이상 경사되지 아니하도록 부착할 것

> **해설** 스포트형 감지기 설치 기준
>
> ① 감지기는 실내로의 공기유입구로부터 1.5[m] 이상 떨어진 위치에 설치
>   (단, 차동식분포형은 제외)

② 감지기는 천장 또는 반자의 옥내에 면하는 부분에 설치

③ 보상식스포트형 감지기는 정온점이 감지기 주위의 평상시 최고 온도보다 20[℃] 이상 높은 것으로 설치

④ 정온식 감지기는 주방·보일러실 등으로서 다량의 화기를 취급하는 장소에 설치하되, 공칭작동온도가 최고 주위 온도보다 20[℃] 이상 높은 것으로 설치

⑤ 스포트형 감지기(차동식스포트형·보상식스포트형 및 정온식스포트형 감지기)는 그 부착 높이 및 특정소방대상물에 따라 다음 표에 따른 바닥면적마다 1개 이상을 설치할 것

⑥ 스포트형 감지기는 45° 이상 경사되지 아니하도록 부착할 것

(다만, 교차회로방식에 사용되는 감지기, 급속한 연소 확대가 우려되는 장소에 사용되는 감지기 및 축적기능이 있는 수신기에 연결하여 사용하는 감지기는 축적기능이 없는 것으로 설치할 것)

정답 ④

07 **광전식분리형 아날로그감지기의 설치 높이는?**

① 4 [m] 미만

② 8 ~ 15 [m] 미만

③ 15 ~ 20 [m] 미만

④ 20 [m] 이상

해설 아날로그감지기의 설치 기준

감지기 중 아날로그감지기의 설치 높이가 20 [m] 이상으로 가장 높다.

정답 ④

08 **자동화재탐지설비의 감지기 설치 제외 장소가 아닌 것은?**

① 실내의 용적이 20[m³]이하인 장소

② 부식성가스가 체류하고 있는 장소

③ 목욕실·욕조나 샤워시설이 있는 화장실·기타 이와 유사한 장소

④ 고온도 및 저온도로서 감지기의 기능이 정지되기 쉽거나 감지기의 유지관리가 어려운 장소

해설 감지기의 설치 제외 장소

- 천장 또는 반자의 높이가 20[m] 이상인 장소. 다만, 제1항 단서 각호의 감지기로서 부착높이에 따라 적응성이 있는 장소는 제외한다.
- 헛간 등 외부와 기류가 통하는 장소로서 감지기에 따라 화재발생을 유효하게 감지할 수 없는 장소
- 부식성가스가 체류하고 있는 장소
- 고온도 및 저온도로서 감지기의 기능이 정지되기 쉽거나 감지기의 유지관리가 어려운 장소
- 목욕실·욕조나 샤워시설이 있는 화장실·기타 이와 유사한 장소
- 파이프덕트 등 그 밖의 이와 비슷한 것으로서 2개 층마다 방화구획된 것이나 수평단면적이 5[m^2]이하인 것
- 먼지·가루 또는 수증기가 다량으로 체류하는 장소 또는 주방 등 평시에 연기가 발생하는 장소 (연기감지기에 한한다)
- 프레스공장·주조공장 등 화재발생의 위험이 적은 장소로서 감지기의 유지관리가 어려운 장소

정답 ①

09 자동화재탐지설비의 제2종 연기감지기를 부착높이가 4[m] 미만인 장소에 설치 시 기준 바닥면적은?

① 30[m^2]   ② 50[m^2]

③ 75[m^2]   ④ 150[m^2]

해설 연기감지기 설치기준

부착 높이	연기감지기 종류	
	1종, 2종	3종
4[m] 미만	150[m^2]	50[m^2]
4[m] 이상~20[m] 미만	75[m^2]	–

정답 ④

10 부착높이 20[m] 이상에 설치되는 광전식 중 아날로그방식의 감지기는 공칭감지농도 하한값이 감광율 몇 [%/m] 미만인 것으로 하는가?

① 3 　　　　　　　　　　　　　② 5

③ 7 　　　　　　　　　　　　　④ 10

> **해설** 광전식 중 아날로그감지기의 감광율
>
> 부착높이 20[m] 이상에 설치되는 광전식 중 아날로그방식의 감지기는 공칭감지농도 하한값이
> 감광율 5[%/m] 미만인 것으로 한다.

> **정답** ②

11 자동화재탐지설비에서 부착 높이가 4[m] 미만으로 연기감지기 3종을 설치할 때, 바닥면적 몇 [m^2] 마다 1개 이상 설치하여야 하는가?

① 50 　　　　　　　　　　　　② 75

③ 100 　　　　　　　　　　　　④ 150

> **해설** 연기감지기 설치기준
>
> | 부착 높이 | 연기감지기 종류 | |
> |---|---|---|
> | | 1종, 2종 | 3종 |
> | 4[m] 미만 | 150[m^2] | 50[m^2] |
> | 4[m] 이상~20[m] 미만 | 75[m^2] | – |

> **정답** ①

12 불꽃감지기의 시설 기준으로 틀린 것은?

① 폭발의 우려가 있는 장소에는 방폭형으로 설치할 것

② 공칭감시거리 및 공칭시야각은 형식승인 내용에 따를 것

③ 감지기를 천장에 설치하는 경우에는 감지기는 바닥을 향하여 설치할 것

④ 감지기는 화재감지를 유효하게 감지할 수 있는 모서리 또는 벽 등에 설치할 것

해설 불꽃감지기 설치기준

자외선식 및 적외선식 불꽃감지기의 설치 기준은 동일하다.
- 공칭감시거리 및 공칭시야각은 형식승인 내용에 따를 것
- 감지기는 공칭감시거리와 공칭시야각을 기준으로 감시구역이 모두 포용될 수 있도록 설치
- 감지기는 화재감지를 유효하게 감지할 수 있는 모서리 또는 벽 등에 설치
- 감지기를 천장에 설치하는 경우에는 감지기는 바닥을 향하도록 설치
- 수분이 많이 발생할 우려가 있는 장소에는 방수형 감지기로 설치

정답 ①

13 건축물이 내화구조이고 보상식스포트형 1종 감지기를 설치하고자 한다.

1) 각 실 당 산정 과정을 쓰고, 합계 개수를 구하시오.(단, 감지기 부착 높이 : 3[m])
2) 실 전체의 경계구역의 수를 구하시오.

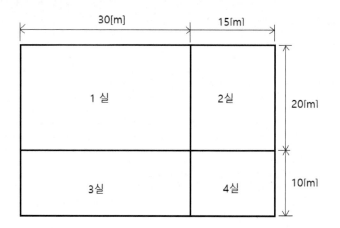

해설 1) 스포트형 열감지기 설치기준

차동식, 보상식 및 정온식 스포트형 열감지기의 부착 높이$[m]$ 및 바닥면적$[m^2]$별 설치기준에 따라 1개 이상의 감지기를 설치해야한다.

★ 차동식스포트형과 보상식스포트형의 설치기준이 같다.

부착 높이	소방대상물	차동식 · 보상식 스포트형 $[m^2]$		정온식 스포트형 $[m^2]$		
4[m] 미만	내화구조	90	70	70	60	20
	일반(기타)구조	50	40	40	30	15
4[m] 이상 ~8[m] 미만	내화구조	45	35	35	30	
	일반(기타)구조	30	25	25	15	

- 부착높이 $4[m]$ 미만인 내화구조에서 차동식·보상식스포트형 감지기의 1종에 대한 감지기 1개당 바닥면적은 $90[m^2]$이다.

2) 경계구역 하나당 연면적은 $600[m^2]$이고, 한 변의 길이는 $50[m]$이하이다.
- 전체 연면적$= (30+15) \times (20+10) = 1350\,[m^2]$
- 경계구역 수$= \dfrac{1350\,[m^2]}{600\,[m^2]} = 2.25$
  $\qquad\quad = 3\,[경계구역] \quad \Leftarrow 절상$

정답 ① 1실의 개수 산정과정 :
- 바닥면적$= 30[m] \times 20[m]$
  $\qquad\quad = 600[m^2]$
- 감지기 개수$= \dfrac{600[m^2]}{90[m^2]} \simeq 6.666$
  $\qquad\qquad = 7[개] \quad \Leftarrow 절상$

② 2실의 개수 산정과정 :
- 바닥면적$= 15[m] \times 20[m]$
  $\qquad\quad = 300[m^2]$
- 감지기 개수$= \dfrac{300[m^2]}{90[m^2]} \simeq 3.333$
  $\qquad\qquad = 4[개] \quad \Leftarrow 절상$

③ 3실의 개수 산정과정 :
- 바닥면적$= 30[m] \times 10[m]$
  $\qquad\quad = 300[m^2]$
- 감지기 개수$= \dfrac{300[m^2]}{90[m^2]} \simeq 3.333$
  $\qquad\qquad = 4[개] \quad \Leftarrow 절상$

④ 4실의 개수 산정과정 :
- 바닥면적$= 15[m] \times 10[m]$
  $\qquad\quad = 150[m^2]$
- 감지기 개수$= \dfrac{150[m^2]}{90[m^2]} \simeq 1.666$
  $\qquad\qquad = 2[개] \quad \Leftarrow 절상$

고로, 감지기의 총합$= 7+4+4+2 = 17\,[개]$

02 / 수신기

1 개요

자동화재탐지설비를 포함한 경보설비에서 탐지한 화재 및 가스 누설 등의 발생신호를 수신하여 표시 및 경보하거나 대응하도록 관계자에게 통보 또는 소화설비 등에 제어신호를 보내주는 역할을 위하여 수신기가 반드시 필요하다.

2 정의

수신기란? 감지기나 발신기에서 발하는 화재신호(P형, R형) 및 가스누설신호(GP형, GR형)를 직접 수신(P형)하거나 중계기를 통하여 수신(R형)한 후 수신기에 화재 발생의 위치를 표시하고 경보를 발생시키는 장치이다.

수신기에 수신된 신호를 소방대상물 관계자에게 통보하여 주거나 동시에 자동 소화설비 등에 제어신호를 보내주는 역할도 한다.

3 수신기의 종류

수신기의 종류에는 중계기의 유무에 따라 P(Proprietary)형과 R(Record)형 수신기로 구분된다.

3-1 P형 수신기

중계기 없이 직접 전달신호인 접점신호를 수신한다.

① 화재등, 지구등이 점등되고 경종(주경종 · 지구경종)이 경보를 발하는 시스템

② 1급 : 1~200 회선, 2급 : 1 회선 또는 2~5 회선

★ 변경사항

③ 이전에는 1급 및 2급 수신기로 구분하였으나 현재는 통합되어 1급 수신기 사용.

④ P형 수신기에도 기록장치 기능이 있어 소방시설의 작동 기록을 조회할 수 있다.

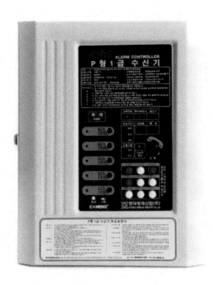

P형 1급 수신기(기록장치 내장형)

3-2 R형 수신기

접점신호가 중계기를 거쳐 통신신호(고유신호)로 변환되어 수신한다.

① 화재등, 지구등이 점등되고 경종(주경종 · 지구경종)이 경보를 발하고, 프린터로 기록(Record) 되는 시스템

3-3 기타 수신기

설비에 따라 수신기에 가스누설탐지 및 경보 기능이 추가된 경우에는 GP(Gas P)형, GR(Gas R) 형으로 구분된다. 또한 소방관서와 연결되는 M형 수신기가 있다.

① GP형 : 가스누설 P형 수신기

② GR형 : 가스누설 R형 수신기

③ M형 : 공공용 수신기로 해당(관할) 소방서 내에 설치된 수신기

★ 표시등의 점등 색상 : 가스누설 기능이 추가된 수신기(GP형, GR형)의 점등 색상
① 화재 발생 시 : 적색등
② 가스 누설 시 : 황색등

(a) P형 수신기   (b) R형 수신기

P형 및 R형 수신기 사진

예제   P형 수신기와 R형 수신기의 가장 중요한 차이점은?

해설 수신기의 차이점
중계기의 유무
  – R형 수신기 : 중계기가 있다.
    중계기에 의해 접점신호를 통신신호로 변환
  – P형 수신기 : 중계기가 없다.

정답 P형 수신기는 중계기가 없고, R형 수신기는 중계기가 있다.

★ 수신기 비교

표. P형 및 R형 수신기

구분	P형 수신기	R형 수신기
시스템 구성요소	감지기, 발신기, 수신기	감지기, 발신기, **중계기**, 수신기
중계기 역할	전압강하 보완	접점신호를 **통신신호**로 변환
배선방식	실선배선	통신배선
신호방식	**접점신호**(공통 신호)	**통신신호**(고유신호 : IP)
적용대상물	중.소형 소방대상물	대형.다수동 소방대상물
화재표시 방법	경계구역 표시	**발생 위치 표시**
도통시험	수신기-말단감지기	수신기-말단감지기 수신기-중계기 중계기-말단감지기

예제 화재와 가스누설 표시등의 색상을 각각 쓰시오.

해설 표시등의 점등 색상
- 화재표시등 : 적색등
- 가스누설표시등 : 황색(주황색)등

정답 황색등

---

4 수신기 설치 기준

4-1 수신기 기능 기준

① 해당 특정소방대상물의 경계구역을 각각 표시할 수 있는 회선 수 이상의 수신기를 설치할 것
② 해당 특정소방대상물에 가스누설탐지설비가 설치된 경우에는 가스누설탐지설비로부터 가스누설 신호를 수신하여 가스누설경보를 할 수 있는 수신기를 설치할 것

(다만, 가스누설탐지설비의 수신부를 별도로 설치한 경우에는 제외)

즉, 가스누설탐지설비가 설치된 경우, 가스누설경보 가능한 수신기를 설치

4-2 설치장소 기준

① 수위실 등 사람이 상시 근무하는 장소에 설치할 것.

(다만, 사람이 상시 근무하는 장소가 없는 경우에는 관계인이 쉽게 접근하고 관리가 용이한 장소에 설치할 수 있다.)

② 수신기가 설치된 장소에는 경계구역 알림도를 비치할 것.

(다만, 모든 수신기와 연결되어 각 수신기의 상황을 감시하고 제어할 수 있는 주수신기를 설치하는 경우에는 주수신기를 제외한 기타 수신기는 그리하지 아니한다.)

③ 수신기의 음향기구는 그 음량과 음색이 다른 기기의 소음과 명확히 구별될 수 있는 것으로 할 것.

④ 수신기는 감지기 · 중계기 또는 발신기가 작동하는 경계구역을 표시할 수 있는 것으로 할 것

⑤ 화재 · 가스 전기등에 대한 종합방재반을 설치한 경우에는 해당 조작반에 수신기의 작동과 연동하여 감지기 · 중계기 또는 발신기가 작동하는 경계구역을 표시할 수 있는 것으로 할 것

⑥ 하나의 경계구역은 하나의 표시등 또는 문자로 표시할 수 있도록 할 것

⑦ 수신기의 조작 스위치는 바닥으로부터 높이가 0.8[m] 이상 ~ 1.5[m] 이하인 장소에 설치할 것

⑧ 하나의 특정소방대상물에 2개 이상의 수신기를 설치하는 경우에는 수신기 상호간 연동하여 화재발생 상황을 각 수신기마다 확인할 수 있도록 할 것

⑨ 화재로 인하여 하나의 층의 지구음향장치 배선이 단락되어도 다른 층의 화재통보에 지장이 없도록 각 층 배선 상에 유효한 조치를 할 것

□ 수신기와 제어반 비교

수신기와 제어반 차이점

구분	화재 수신기	감시 제어반
평상 시	화재감시	설비감시
화재 시	화재경보	설비제어
설치장소	상시근무 또는 관리용이	피난층 또는 지하1층
방화구역	무관	필요
부대시설	알림도 배치	비상조명등, 무통, 급배기시설
면적제한	제한 없음	조작에 필요한 최소면적

★ 수신기 설치기준 요약

● 상시 사람이 근무하는 장소에 설치

● 경계구역 알림도를 비치

● 음향기구의 음량과 음색이 명확할 것

● 경계구역 당 표시(문자 및 등) 가능

● 수신기의 높이 0.8m이상~1.5m 이하에 설치

● 특정소방대상물에 2개 이상의 수신기를 설치 시, 각 수신기마다 화재발생 상황 확인가능

4-3 축적기능 수신기 설치기준

수신기는 특정소방대상물 또는 그 부분이 지하층, 무창층(창이 없는 층)등으로서 환기가 잘되지 아니하거나 실내면적이 $40\,[m^2]$ 미만인 장소, 감지기의 부착면과 실내바닥과의 거리(높이)가 $2.3\,[m]$ 이하인 장소로서 일시적으로 발생한 열·연기 또는 먼지 등으로 인하여 감지기가 화재신호를 발신할 우려가 있는 장소에는 축적기능 등이 있는 것(축적형감지기가 설치된 장소에는 감지기회로의 감시전류를 단속적으로 차단시켜 화재를 판단하는 방식 외의 것을 말한다.)으로 설치하여야 한다.

★ 축적 수신기 설치기준 요약

- 환기가 잘되지 않는 실내면적이 40 $[m^2]$ 미만인 장소
- 감지기의 부착면과 실내바닥과의 거리(높이)가 2.3 $[m]$ 이하인 장소로 열·연기 또는 먼지 등으로 인하여 비화재보가 우려되는 장소

☆ 축적형 수신기 설치 예외

축적형 수신기의 적용 대상 및 비화재보 발생 우려 장소(열·연기 또는 먼지로 인해 화재신호 발신할 우려가 있는 장소)라도 아래와 같은 적응성 있는 감지기를 설치할 경우에는 축적기능 수신기를 설치하지 않아도 된다.

① 축적방식 감지기

② 아날로그방식 감지기

③ 다신호방식 감지기

④ 정온식감지선형 감지기

⑤ 광전식분리형 감지기

⑥ 분포형 감지기

⑦ 불꽃 감지기

⑧ 복합형 감지기

□ 비화재보

비화재보란? 화재가 발생되지 않은 상황인데 환기가 잘되지 않는 장소에서 열, 연기, 분진 등으로 인하여 경보가 발하여지는 오보상태인 화재경보를 말한다.

비화재보와 대응되는 실보란? 화재가 발생한 상황에서 화재경보를 발하여야 하는데 화재경보를 발하지 못하고 놓친 오보상태를 말한다.

비화재보 비교

비화재보 요인	비화재보 원인
인위적	• 조리과정의 열, 연기 • 흡연의 연기 • 배기 가스 • 공사 중의 분진
기능성	• 부품, 회로 등의 불량 • 감도 변화 • 모래, 청소, 공사의 분진 • 유출된 증기 • 결로
설치상	• 배선 등의 공사 불량 • 설치 후 환경변화 • 용도에 부적합한 감지기 설치
관리상	• 침수 • 청소 불량 • 곤충 침입

5 수신기 기능

5-1 P형 수신기

① 1급과 2급으로 구분된다.
② 경계구분이 필요하지 않고 기본 수신기로 통합

5-1-1 P형 수신기 표시등 기능

① 교류전원 감시등 : 전원 입력 표시
② 예비전원 감시등 : 전원 이상 유무 및 예비전원 인가 시 점등
③ 전압 표시등 : DC 24[V]
④ 발신기 응답등 : 발신기의 푸시버튼 작동 시 점등, 복구 시 소등

⑤ 스위치 주의등 : 조작스위치 이상 시 점멸 및 점등

⑥ 선로 단선등 : 지구회로선의 단선 시 점등

5-1-2 P형 수신기 조작스위치 기능

① 배터리시험 스위치 : 예비전원의 축전지 충전상태 점검용 스위치

② 주경종정지 스위치 : 주경종 경보 중지용 스위치

③ 지구경종정지 스위치 : 지구경종 경보 중지용 스위치

④ 비상방송정지 스위치 : 비상방송의 연동 중지 스위치

⑤ 회로선택 스위치 : 작동 · 도통시험 시 회로를 선택하는 스위치

⑥ 도통시험 스위치 : 도통시험을 위한 회로선택 후 회로의 결선상태 확인 스위치

⑦ 화재작동시험 스위치 : 회로선택 후 화재작동 상황을 확인하는 스위치

⑧ 복구 스위치 : 동작 중인 회로를 원상태로 복구하는 스위치

⑨ 자동복구 스위치 : 화재작동시험 후 작동상태에서 원상태로 자동복구시키는 스위치

⑩ 부저 : 발신기의 전화기 플러그를 꽂으면 수신기에 부저가 울리는 기능

                 수신기의 전화기 플러그를 꽂으면 부저음 중지되고 통화가능 상태로 전환

□ P형 1급 수신기의 기능

① 화재표시작동 시험장치

② 감지기 및 발신기와 수신기 사이의 배선 도통시험장치

③ 주전원에서 예비전원으로 자동 절환, 예비전원에서 주전원으로 자동 복구 기능

④ 예비전원의 양부(양호 · 불량)시험장치

⑤ 발신기와 전화연락장치

□ P형 2급 수신기의 기능

① 화재표시작동 시험장치

② 주전원에서 예비전원으로 자동 절환, 예비전원에서 주전원으로 자동 복구 기능

③ 예비전원의 양부(양호 · 불량)시험장치

④ 회선수 :
  - 1회선 : 화재표시기능
  - 2~5회선 : 화재표시기능, 지구등, 지구경종, 예비전원

★ P형 1급/2급 수신기 기능

P형 1급/2급 수신기 기능 비교

구분	P형1급 수신기	P형2급 수신기
공통점	· 화재표시 작동시험 · 상용/예비 전원 자동절환 · 예비전원 시험	· 화재표시 작동시험 · 상용/예비 전원 자동절환 · 예비전원 시험
차이점	· 도통시험 · 전화연락장치 · 회선수 제한 없음	· 5 회선수 이하

5-2 R형 수신기

① 다수동, 대규모 건물에 적합
② 이·증설이 용이하여 증·개축이 많은 곳에 적합
③ 가격이 고가이고, 운영 및 보수에 전문기술 요구
④ 간선수의 감소로 경제적
⑤ 선로의 길이 길게 가능
⑥ 중계기로 고유신호 전송
⑦ 화재 발생한 경계구역(지구)을 숫자로 표시 가능

5-2-1 R형 수신기 기능

① 화재표시작동 시험장치
② 감지기 및 발신기와 중계기간의 배선 도통시험장치
③ 주전원에서 예비전원으로 자동 절환, 예비전원에서 주전원으로 자동 복구 기능
④ 예비전원의 양부(양호·불량)시험장치
⑤ 발신기와 전화연락장치

⑥ 화재 발생한 경계구역(지구)을 쉽게 식별 가능한 기록장치

⑦ 지구표시등 및 표시장치

★ P형 및 R형 수신기 기능

P형/R형 수신기의 기능 비교

구분	P형 수신기	R형 수신기
공통점	• 화재표시작동 시험장치 • 주전원과 예비전원간의 자동 절환.복구 기능 • 예비전원의 양부(양호 · 불량)시험장치	
차이점	• 도통시험 : 감지기 · 발신기와 수신기 간 배선	• 도통시험 : 감지기 · 발신기와 중계기 간 배선 • 기록장치 : 화재 발생한 경계구역(지구) 식별 • 지구표시등 및 표시장치

5-3 M형 수신기

해당 소방서에 배치시키는 수신기이다.

5-3-1 특징

① 해당 소방관서에 배치

② M형 발신기에서 발한 고유신호(IP)로 발신위치를 식별

5-3-2 기능

① 화재표시작동 시험장치

② 감지기 및 발신기와 수신기간의 배선 회로저항 및 절연저항 측정 장치

③ 주전원에서 예비전원으로 자동 절환, 예비전원에서 주전원으로 자동 복구 기능

④ 태엽을 사용하는 수신기인 경우 태엽이 풀리기 전에 경보하는 장치

⑤ 주전원의 전압강하 또는 배선의 단선 · 단락 시 고장신호 표시장치 및 경보장치

5-4 수신기 신호방식

5-4-1 P형 수신기 신호방식

① 감지기·발신기와 수신기 사이에 실선으로 배선
② 지구의 회로 수만큼 선로가 필요함

5-4-2 R형 수신기 신호방식

① 중계기와 수신기 사이에 2선의 신호선으로 배선
② 신호선의 간소화 가능
③ 양방향 통신의 고유신호(IP) 변환으로 다중통신방식

6 수신기 점검

6-1 경계구역 확인

각 회로별 경계구역의 위치가 정확히 표기되는지를 확인하기 위한 점검이다.

6-2 예비전원 시험

① 상용전원 시에는 교류전원 LED가 점등된다.
② 예비전원 시험에는 예비전원 버튼을 눌러 예비전원으로 전환되는지 확인한다.

6-3 도통시험

회로의 도통여부(단선 유무)를 확인하는 시험이다.

6-3-1 로터리식

① 지구경종 버튼, 도통시험 버튼을 누른 후, 회로선택 스위치(로터리식)를 돌려서 각 회로의 단선
   유무를 확인한다.
② 단선되거나 사용하지 않는 회로는 단선으로 표시된다.

6-3-2 동시 도통시험

① 회로선택 스위치를 사용하지 않고 바로 도통시험 버튼을 누른다.
② 일괄적으로 회로단선 유무를 확인한다.

6-3-3 누름식 도통시험

① 도통시험 버튼을 누른 후, 각 회로별 버튼을 눌러서 단선 유무를 확인한다.

수신기

6-4 동작 시험

6-4-1 동작시험 순서

① 주경종 스위치 버튼을 누른다.

② 지구경종 스위치 버튼을 누른다.

③ 동작 시험 스위치 버튼을 누른다.

④ 자동복구 스위치버튼을 눌러 후, 축적상태 스위치를 비축적으로 전환한다.

⑤ 회로 선택 스위치를 돌려서 각 회로의 점등여부를 확인한다.

⑥ 동작 시험 종료시 회로 선택 스위치 및 각 스위치를 시험 역순으로 복구한다.

6-4-2 수신기의 작동 소요시간

① 수신기의 작동 소요시간의 P형 수신기와 R형 수신기 모두 동일하다.

- 화재 시 화재신호의 발신 개시로부터 수신기에 도달하는데 소요되는 작동시간은 5초 이내이다.
- 축적형의 소요시간은 60초 이내이다.

00 자동설비탐지설비에서 감지기나 발신기에서 발하는 화재신호 및 가스누설신호를 직접 수신하거나 중계기를 통하여 수신한 후 수신기에 화재 발생의 위치를 표시하고 경보를 발생시키는 장치는?

> **해설** 수신기 정의
> 수신기란? 감지기나 발신기에서 발하는 화재신호(P형, R형) 및 가스누설신호(GP형, GR형)를 직접 수신(P형)하거나 중계기를 통하여 수신(R형)한 후 수신기에 화재 발생의 위치를 표시하고 경보를 발생시키는 장치이다.

> **정답** 수신기

01 자동화재탐지설비의 수신기에 관한 설치 기준으로 옳을 모두 고르시오.
① 음향기구의 음량과 음색이 명확할 것
② 경계구역 당 표시(문자 및 등) 가능
③ 수신기의 높이 0.8m이상~1.5m 미만에 설치
④ 특정소방대상물에 2개 이상의 수신기를 설치 시, 각 수신기마다 화재발생 상황 확인가능

> **해설** 수신기의 설치 높이
> 수신기의 높이 0.8m이상~1.5m 이하에 설치

> **정답** ①, ②, ④

02 다음 중 P형 수신기의 기능이 아닌 것은?
① 화재표시작동 시험장치
② 감지기 및 발신기와 중계기간의 배선 도통시험장치
③ 주전원에서 예비전원으로 자동 절환, 예비전원에서 주전원으로 자동 복구 기능
④ 예비전원의 양부(양호 · 불량)시험장치

> **해설** P형 수신기 기능
> - 화재표시작동 시험장치
> - 감지기 및 발신기와 수신기간의 배선 도통시험장치
> - 주전원에서 예비전원으로 자동 절환, 예비전원에서 주전원으로 자동 복구 기능
> - 예비전원의 양부(양호 · 불량)시험장치
>   발신기와 전화연락장치

> **정답** ②

※ 다음 [보기]에서 수신기의 명칭을 골라 쓰시오.

[보기]
P형 수신기, GP형 수신기, R형 수신기, GR형 수신기, 복합형 수신기,

03 P형 수신기능 및 가스누출 감시기능을 가진 수신기는?

정답 GP형 수신기

04 R형 수신기능 및 가스누출 감시기능을 가진 수신기는?

정답 GR형 수신기

05 화재신호를 중계기를 거쳐 통신신호(고유신호)로 수신하는 수신기는?

정답 R형 수신기

06 감지기, 발신기로부터 탐지된 화재신호를 중계기를 거치지 않고 직접 수신하는 수신기는?

정답 P형 수신기

07 스프링클러, 소화펌프 등과 연동되는 수신기는?

정답 복합형 수신기

08 다음 수신기의 기능 중 P형 수신기와 R형 수신기의 차이점이 아닌 것은?

① 도통시험
② 기록장치
③ 지구표시등 및 표시장치
④ 예비전원 양부장치

해설 R형 수신기만의 기능
　– 도통시험 : 감지기 · 발신기와 중계기 간 배선
　　기록장치 : 화재 발생한 경계구역(지구) 식별 가능
　　지구표시등 및 표시장치
　P형.R형 수신기의 공통기능
　– 화재표시작동 시험장치
　– 주전원과 예비전원간의 자동 절환 · 복구 기능
　– 예비전원의 양부(양호 · 불량)시험장치
　　발신기와 전화연락장치

정답 ④

09 다음 중 R형 수신기의 특징으로 옳지 않은 것은?

① 화재 발생 지구를 숫자로 표시한다.
② 간선수를 줄이고, 선로의 길이를 길게 할 수 있다.
③ 이 · 증설이 용이하여 증 · 개축이 많은 곳에 적합
④ 중계기로부터 접점신호 전송

해설 R형 수신기 특징
　다수동, 대규모 건물에 적합
　이 · 증설이 용이하여 증 · 개축이 많은 곳에 적합
　가격이 고가이고, 운영 및 보수에 전문기술 요구
　– 간선수의 감소로 경제적
　　선로의 길이 길게 가능
　　중계기로부터 고유신호(통신신호) 전송
　　화재 발생한 경계구역(지구)을 숫자로 표시 가능

정답 ④

10 축적기능 수신기를 설치하지 않아도 되는 적응성이 있는 감지기의 종류를 쓰시오.

해설 축적기능에 대한 적응성이 있는 감지기를 설치하는 경우에는 축적기능 수신기를 설치하지 않아도 된다.

정답 축 아다정 광분불복
① 축적방식 감지기
② 아날로그방식 감지기
③ 다신호방식 감지기
④ 정온식감지선형 감지기
⑤ 광전식분리형 감지기
⑥ 분포형 감지기
⑦ 불꽃 감지기
⑧ 복합형 감지기

11 축적기능 수신기의 설치 기준으로 실내면적과 천장의 높이는 각각 얼마인가?
① 실내면적 : $40\,[m^2]$ 미만, 감지기의 부착면과 실내바닥과의 높이 : $2.3\,[m]$ 이상
② 실내면적 : $40\,[m^2]$ 미만, 감지기의 부착면과 실내바닥과의 높이 : $2.3\,[m]$ 이하
③ 실내면적 : $60\,[m^2]$ 미만, 감지기의 부착면과 실내바닥과의 높이 : $2.3\,[m]$ 이상
④ 실내면적 : $60\,[m^2]$ 미만, 감지기의 부착면과 실내바닥과의 높이 : $2.3\,[m]$ 이하

해설 축적기능 수신기의 설치기준
– 환기가 잘되지 않는 실내면적이 $40\,m^2$ 미만인 장소
– 감지기의 부착면과 실내 바닥과의 거리(높이)가 $2.3\,m$ 이하인 장소로 열·연기 또는 먼지 등으로 인하여 비화재보의 우려 장소

정답 ②

12 화재 시 화재신호의 발신 개시로부터 수신기에 도달하는데 소요되는 수신기의 작동 시간은?

① 5초 이내   ② 10초 이내

③ 20초 이내   ④ 60초 이내

해설 수신기의 작동 소요시간 기준

－ 화재 시 화재신호의 발신 개시로부터 수신기에 도달하는데 소요되는 작동 시간은 5[초] 이내이다.

정답 ①

13 축적기능 수신기의 화재신호 작동 소요시간은?

① 5초 이내   ② 10초 이내

③ 20초 이내   ④ 60초 이내

해설 축적기능 수신기의 작동 소요시간

－ 축적기능 수신기의 소요시간은 60초 이내이다.

정답 ④

03 / 발신기

① 개요

자동화재탐지설비의 구성요소 중 화재를 목격한 사람이 직접 화재신호를 수동으로 경보할 수 있는 설비로서 소방대상물 내에 기본적으로 설치되는 장치이다.
별도로 구성된 발신기세트 형태와 옥내소화전과 같이 붙어 있는 형태를 흔히 볼 수 있다.

② 정의

발신기(Manual Fire Alarm Box)란? 화재 발생 시 화재를 발견한 사람이 푸시버튼을 눌러 수동으로 화재신호를 수신기 및 중계기에 발신하는 장치이다.

발신기

발신기 세트

3 발신기 종류

3-1 발신기 타입

발신기의 형태(Type)에 따라 P형, T형, M형으로 예전에 구분되었다.

① P형 발신기에는 1급, 2급으로 분류되나 P형1급 발신기만 사용된다.

② 국내에서는 P형 발신기만 사용되므로 발신기라는 표현은 P형 발신기를 의미한다.

③ T형(Telephone Type)은 발신기의 송·수화기를 들면 자동으로 수신기에 화재신호가 발신된다. 푸시버튼은 없다.

④ M형은 발신기의 고유신호를 해당 소방관서에 있는 M형 수신기(직렬로 100개 이하 설치)에 수동으로 발신한다.

3-2 설치장소 분류

옥내용과 옥외용으로 구분된다.

3-3 방폭기능의 유무

방폭형과 비방폭형으로 구분된다.

① 방폭형은 폭발 가능성이 있는 위험물 저장소 등에 설치한다.

(a) 일반형   (b) 소화전용

P형1급 방폭형 발신기(참고 : 한국소방공사)

4 구조

4-1 구성요소

① 누름스위치(푸시버튼) : 화재신호를 발하는 수동조작 버튼
② 응답 확인램프(LED) : 신호가 수신기에 응답함에 대한 확인 램프
③ 명판 : 발신기 표시
④ 보호판 : 누름스위치의 안전판
⑤ 외함 : 보호 커버용

발신기

☆ P형1급 · 2급 발신기

구분	P형1급 발신기	P형2급 발신기
구성요소	• 누름스위치(푸시버튼) • 명판 • 보호판 • 외함 • 응답확인램프(LED) • 전화잭(삭제)	• 누름스위치(푸시버튼) • 명판 • 보호판 • 외함

예제 다음 중 발신기의 구성요소가 아닌 것은?

① 응답 확인램프   ② 누름스위치(푸시버튼)
③ 보호판   ④ 전화잭

해설 전화선은 개정에 의해 설치기준에서 삭제됨

정답 ④

4-2 구조

4-2-1 단자대

발신기 내부에는 4개의 단자가 있다.

① 응답 단자 : 발신기의 응답선을 접속시키는 단자이다.

② 전화 단자 : 전화선을 접속시키는 단자이나 개정으로 본 단자는 삭제된다.

③ 공통 단자 : 공통선을 접속시키는 단자이다.

④ 회로 단자 : 감지기의 회로선을 접속시키는 단자이다.

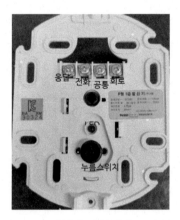

발신기 내부단자

4-2-2 발신기 배선

① 응답선

② 전화선(제외)

③ 회로공통선(회로/응답)

④ 회로선

⑤ 경종선

⑥ 램프선(표시등)

⑦ 공통선(경종/표시등)

★ 최근(2024.01) 발신기의 가닥수 기준에서 전화선이 제외되어 기존의 7가닥에서 6가닥으로 변경
되었다.

⑤ 설치 기준

5-1 발신기 설치 기준

① 조작이 쉬운 장소에 설치

② 조작스위치의 높이는 바닥으로부터 0.8[m] 이상~1.5[m] 이하가 되도록 설치

③ 특정대상물의 층마다 설치하되, 해당 층의 각 부분으로부터 하나의 발신기까지의 수평거리가 25[m] 이하가 되도록 설치

　(다만, 복도 또는 별도로 구획된 실로서 보행거리 40[m] 이상일 경우에는 추가로 설치

　※ PS : 수평거리는 25[m] 이하마다 설치하지만 실의 내부구조가 복도 또는 구획으로 나눠진 경우에는 보행거리 40[m] 이상일 경우에는 추가로 설치해야 한다.

④ 기둥 또는 벽이 없는 대형공간의 경우 발신기 설치대상 장소의 가장 가까운 장소의 벽이나 기둥 등에 설치

중요

▫ 경계구역 : 하나의 면적은 $600[m^2]$ 이하인데 단, 2개 층의 합이 $500[m^2]$ 이하이면 하나의 경계구역으로 설정할 수 있다.

▫ 발신기의 설치 : 각 층마다 발신기를 설치하여야 한다. 즉, 2개 층의 합이 $500[m^2]$ 이하라도 각 층마다 하나의 발신기를 설치해야 한다.

　● 이유 : 아래층에만 발신기가 설치된 경우, 위층에서 화재발견 시 아래층까지 내려와야 하는 상황(문제점)이 발생하므로 각 층마다 설치가 요구된다.

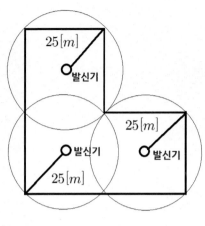

발신기 수평거리

⑤ 터널

편도 2차선 이상의 양방향터널 또는 4차로 이상의 단방향인 경우 양쪽의 측벽에 각각 50[m] 이내의 간격으로 엇갈리게 설치

그 외에는 주행차로 한쪽 측벽에 각각 50[m] 이내의 간격으로 설치

⑥ 발신기의 외함

- 재질 : 불연성 또는 난연성 재질

- 외함 두께

★ 발신기 외함 특성

구분	강판	합성수지(자기소화성 재료)
두께	1.2[mm]	3[mm] (강판의 2.5배)
재질 특성	벽 속에 매립 : 1.6[mm] 이상	내열성 : $80 \pm 2\,^\circ C$

발신기세트 외함

6) 발신기 기능

6-1 작동 및 복구

□ 발신기 작동

화재 발견 시 발신기의 누름스위치를 눌러 수신기에 수동으로 화재신호를 발신한다.

□ 수신기 작동

수신기의 화재표시등, 발신기 표시등, 지구표시등이 점등되고 경보장치 등이 자동으로 기동된
다. 발신기의 응답등이 점등된다.

□ 발신기 복구

복구 시에는 누름스위치를 다시 누르거나 누름스위치를 잡아당긴다.

□ 수신기 복구

수신기의 복구버튼을 누르면 화재신호가 복구된다.

☆ 작동과정 요약

● 작동 : 누름스위치 푸시–수신기 작동(화재표시등, 발신기 표시등, 지구표시등 점등, 경보장치

작동–발신기의 응답표시등) 점등

- 복구 : 누름스위치 원위치–수신기의 복구버튼 누름–발신기의 응답표시등 소등 및 수신기의 작동표시등 소등

예제 발신기로 화재신호를 발한 경우 복구를 위해 수신기의 복구버튼을 눌렀음에도 화재신호가 복구되지 않는 경우 원인과 해결방안을 쓰시오.

정답
- 원인 : 발신기의 누름스위치를 복구시키지 않았기 때문
- 해결방안 : 발신기의 누름스위치를 다시 누르거나 잡아당겨 원 위치시킨다.

6-2 발신기 기능

□ 일반기능
- 작동이 확실하고 취급 · 점검이 쉬울 것
- 부식에 의한 기계적 기능에 영향을 미칠 우려가 있는 부분은 내식가공(칠, 도금 등) 또는 방청가공 처리, 전기적 기능에 영향이 있는 단자, 나사, 와셔 등은 동합금 또는 내식성의 재질 사용
- 외함은 불연성 재질 또는 난연성 재질로 만들 것

□ 작동기능
- 작동 : 누름스위치의 작동방향으로 가하는 힘이 2[Kg] 초과~8[Kg] 이하의 범위에서 작동
- 부작동 : 2[Kg]의 힘을 가하는 경우는 작동하지 않는다.
- 작동 시 : 화재신호는 수신기에 전송되고, 발신기의 응답램프에 점등으로 확인 표시

6-3 발신기 시험

□ 반복시험 :
정격전압에서 5000회 작동 반복시험 시 기능에 이상이 없을 것

□ 절연저항시험

직류DC 500[V]의 절연저항계로 20[$M\Omega$] 이상의 절연저항

● 발신기의 절연된 단자 사이

● 단자와 외함 사이

| 예제 | 발신기, 소화전, 음향장치, 방송용 확성기의 설치 기준에 대한 수평거리는? |

① 수평거리 15[m] 이하   ② 수평거리 25[m] 이하

③ 수평거리가 35[m] 이하   ④ 수평거리가 55[m] 이하

해설 발신기 설치 기준

발신기, 음향장치, 방송용 확성기는 수평거리 25[m] 이하로 설치해야 한다.

정답 ②

단독형   옥내소화전 내장형

발신기세트

예제 발신기세트 단독형의 기구명칭을 쓰시오.

정답 경종, 위치표시등, 발신기

예제 발신기세트 옥내소화전 내장형의 기구명칭을 쓰시오.

정답 경종, 위치표시등, 발신기, 옥내소화전

04 / 표시등

1 개요

자동화재탐지설비의 구성요소 중 표시등은 경계구역을 표시하거나 발신기 등의 위치를 알려주는 용도로 설치된다. 따라서 발신기의 위치표시등에 대해 살펴본다.

2 정의

표시등이란? 발신기의 위치를 알려주는 표시등을 위치표시등이라고 한다.

3 표시등 구조 및 기능

3-1 표시등 구조

① 내구성이 있어야 하며 쉽게 변형·변질 또는 변색이 되지 아니할 것.

② 먼지·습기 또는 곤충 등에 의해 기능에 영향을 받지 아니할 것.

③ 부식에 의해 기능에 영향을 줄 수 있는 부분은 칠, 도금 등으로 내식 및 방청 가공할 것.

④ 배선은 충분한 전류용량을 갖는 것으로 정확하고 확실하게 접속할 것.

⑤ 부분품의 부착은 기능에 이상을 일으키지 아니하고 견고해야할 것.

⑥ 전구에 적당한 보호 커버를 설치할 것.

⑦ 수송 중에 진동 또는 충격에 의해 기능에 장애를 받지 아니하며 견고할 것.

⑧ 사람에게 위해를 줄 염려가 없는 구조일 것.

표시등(참고 : 화경산업)

3-2 표시등 기능

① 적색등이며 소비전류는 표시등의 전구 1개당 $40[mA]$ 이하.

② 전구는 2개 이상을 병렬로 접속할 것.

(다만, 발광다이오드의 경우는 예외)

3-3 표시등 재질

① 외함은 불연성 또는 난연성 재질을 사용할 것.

(다만, 합성수지재 시 성능인증 및 제품검사의 기술기준에 적합할 것.)

3-4 표시등 시험

① 주위온도 시험 : 주위온도가 $-20\pm2\,°C$ 및 $50\pm2\,°C$의 온도에서 각각 12시간 두는 경우 구조 및 기능에 이상이 없을 것.

② 수명 시험 : 사용전압의 130%인 전압을 24시간 연속하여 가하는 경우 단선, 현저한 광속변화, 전류변화 등의 현상이 발생하지 않을 것.

③ 식별도 시험 :

- 주위의 밝기가 300[lx]인 장소에서 정격전압 및 정격전압 ±20%에서 측정하여 앞면으로부터 3m 떨어진 위치에서 켜진 등이 확실히 식별되어야할 것.

  – 불빛은 부착면과 15° 이하의 각도로도 발산되어야 하며 주위의 밝기가 0[lx]인 장소에서 10[m] 떨어진 위치에서 켜진 등이 확실히 식별되어야할 것.

④ 방수 시험 : 방수형 표시등은 65 ± 2° C의 맑은 물에 15분 동안 침지한 후 다시 0 ± 2° C이고 0.3%의 염화나트륨수용액에 15분 동안 순차적으로 담그는 2회 반복상태에서 절연저항시험 시 20[$M\Omega$] 이상일 것.

방수형 표시등(참고 : 119마트)

⑤ 진동 시험 : 통전상태에서 전진폭 1[mm]로 매분 1000회 진동을 임의의 방향으로 연속하여 10분간 가하는 경우 구조 및 기능에 이상이 없을 것.

⑥ 절연저항 시험 : 단자와 외함 사이에 직류DC 500[V]의 절연저항계로 측정하는 경우 20[$M\Omega$] 이상일 것.

⑦ 절연내력 시험 : 단자와 외함 사이에 절연내력은 60[Hz]의 정현파에 가까운 실효전압 교류 AC500[V]를 가하는 경우 1분간 견뎌야할 것.

⑧ 표시등의 표시사항
  – 종별 및 성능인증번호
  – 제조년도, 제조번호 또는 로트번호
  – 제조업체명
  – 정격 전압 및 전류

발신기의 위치를 나타내는 기구는?

① 발신기   ② 위치등

③ 표시등   ④ 시각표시등

해설 표시등의 정의 문제

발신기의 위치를 나타내는 위치표시등을 표시등이라고 한다.

정답 ③

예제 **표시등의 절연저항시험에서 단자와 외함 사이에 직류DC 500[V]의 절연저항계로 측정하는 경우 절연저항값은?**

① $10[M\Omega]$ 이상   ② $20[M\Omega]$ 이상

③ $30[M\Omega]$ 이상   ④ $40[M\Omega]$ 이상

해설 절연저항 시험 문제

- 절연저항 시험 : 단자와 외함 사이에 직류DC 500[V]의 절연저항계로 측정하는 경우 $20[M\Omega]$ 이상일 것.

정답 ②

4 발신기의 위치표시등 설치기준

① 발신기의 위치표시등은 함의 상부에 설치

② 위치표시등의 빛은 부착면으로부터 15° 이상의 범위 안에서 부착지점으로부터 10[m] 이내의 어느 곳에서도 쉽게 식별할 수 있는 적색등으로 할 것

★ 표시등의 색상

구분	화재 표시등	가스누설 표시등
색상	적색등	황색등

위치표시등

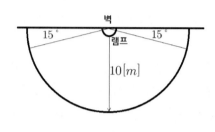

표시등 식별기준

예제	자동화재탐지설비의 발신기 위치를 나타내는 위치표시등의 설치 기준에서 불빛은 부착면과 (　　　)의 각도로도 발산되어야 하며 주위의 밝기가 0[lx]인 장소에서 (　　　)[m] 떨어진 위치에서 켜진 (　　)색등이 확실히 식별되어야할 것.

해설　발신기 위치를 나타내는 위치표시등의 설치기준

표시등의 불빛은 부착면과 (15˚ 이하)의 각도로도 발산되어야 하며 주위의 밝기가 0[lx]인 장소에서 (10)[m] 떨어진 위치에서 켜진 (적)색등이 확실히 식별되어야할 것.

00 자동화재탐지설비에서 화재 발생 시 화재를 발견한 사람이 푸시 버튼을 눌러 수동으로 화재신호를 수신기 및 중계기에 발신하는 장치는?

해설 발신기 정의

발신기(Manual Fire Alarm Box)란? 화재 발생 시 화재를 발견한 사람이 푸시버튼을 눌러 수동으로 화재신호를 수신기 및 중계기에 발신하는 장치이다.

정답 발신기

01 다음 중 발신기의 설치 기준으로 옳지 않는 것은?

① 조작이 쉬운 장소에 설치

② 조작스위치의 높이는 바닥으로부터 0.8[m] 이상~1.5[m] 이하가 되도록 설치

③ 특정대상물의 층마다 설치하되, 해당 층의 각 부분으로부터 하나의 발신기까지의 수평거리가 25[m] 이하가 되도록 설치(다만, 복도 또는 별도로 구획된 실로서 보행거리 50[m] 이상일 경우에는 추가로 설치

④ 기둥 또는 벽이 없는 대형공간의 경우 발신기 설치대상 장소의 가장 가까운 장소의 벽이나 기둥 등에 설치

해설 발신기의 설치기준 문제

- 조작이 쉬운 장소에 설치
- 조작스위치의 높이는 바닥으로부터 0.8[m] 이상~1.5[m] 이하가 되도록 설치
- 특정대상물의 층마다 설치하되, 해당 층의 각 부분으로부터 하나의 발신기까지의 수평거리가 25[m] 이하가 되도록 설치
  (다만, 복도 또는 별도로 구획된 실로서 보행거리 40[m] 이상일 경우에는 추가로 설치
- 기둥 또는 벽이 없는 대형공간의 경우 발신기 설치대상 장소의 가장 가까운 장소의 벽이나 기둥 등에 설치

정답 ③

02 다음 중 발신기의 작동 반복시험 횟수로 옳은 것은?

① 2000회   ② 3000회

③ 4000회   ④ 5000회

해설 발신기의 작동 반복시험 문제

    – 정격전압에서 정격전류가 흐를 때 5000회 반복시험 자동 시 기능에 이상이 없을 것

정답 ④

03 발신기의 절연저항 시험을 위한 전압값과 절연저항값으로 각각 옳은 것?

① DC 400[V], 10[$M\Omega$] 이상   ② DC 400[V], 10[$M\Omega$] 이상

③ DC 500[V], 10[$M\Omega$] 이상   ④ DC 500[V], 20[$M\Omega$] 이상

해설 발신기의 절연저항 시험 문제

    – 절연저항시험 : 직류DC 500[V]의 절연저항계로 20[$M\Omega$] 이상의 절연저항

    – 발신기의 절연된 단자 사이

    – 단자와 외함 사이

정답 ④

04 자동화재탐지설비의 발신기 설치 기준으로 옳지 않은 것은?

① 조작스위치의 높이는 바닥으로부터 0.8[m] 이상~1.5[m] 이하가 되도록 설치

② 복도 또는 별도로 구획된 실로서 보행거리 40[m] 이상일 경우에는 추가로 설치

③ 특정대상물의 층마다 설치하되, 해당 층의 각 부분으로부터 하나의 발신기까지의 수평거리가 25[m] 이하가 되도록 설치

④ 위치표시등의 빛은 부착면으로부터 5° 이상의 범위 안에서 부착지점으로부터 10[m] 이내의 어느 곳에서도 쉽게 식별할 수 있는 적색등으로 할 것

해설 발신기의 위치표시등 설치기준 문제

    – 발신기의 위치표시등은 함의 상부에 설치

    – 위치표시등의 빛은 부착면으로부터 15° 이상의 범위 안에서 부착지점으로부터 10[m] 이내의 어느 곳에서도 쉽게 식별할 수 있는 적색등으로 할 것

정답 ④

05 발신기의 위치표시등에 대한 색상은?

① 적색등   ② 황색등

③ 녹색등   ④ 백색등

해설 발신기의 위치표시등 설치기준 문제

- 위치표시등의 빛은 부착면으로부터 $15°$ 이상의 범위 안에서 부착지점으로부터 $10[m]$ 이내의 어느 곳에서도 쉽게 식별할 수 있는 적색등으로 할 것

정답 ①

06 근린생활시설의 3층 업무시설의 연면적이 $700[m^2]$ 인 경우에 대한 비상경보설비와 자동화재탐재설비 중 감지기, 수신기, 발신기의 설치 여부에 대해 기술하시오.

해설 설치기준

- 비상경보설비 설치조건 : 연면적 $400[m^2]$ 이상 시 대상
- 감지기 설치조건 : 업무시설은 연면적 $1000[m^2]$ 이상, 동물병원은 연면적 $1000[m^2]$ 이상의 모든 층

정답 비상경보설비 설치, 감지기 제외, 수신기 설치, 모든 층에 발신기 설치

07 근린생활시설의 3층 동물병원의 연면적이 $450[m^2]$ 인 경우에 대한 비상경보설비와 자동화재탐재설비 중 감지기, 수신기, 발신기의 설치 여부에 대해 기술하시오.

정답 비상경보설비 설치, 감지기 제외, 수신기 설치, 모든 층에 발신기 설치

05 중계기

① 개요

자동화재탐지설비의 구성요소 중 감지기 및 발신기로부터 탐지된 접점신호인 화재신호를 수신기에 바로 발신하는 경우의 P형 수신기도 있지만, R형 수신기는 이 접점신호를 통신신호(고유신호)로 변환해서 R형 수신기에 중계 역할하는 설비가 필요하다.

② 정의

화재 중계기(Transponder)란? 화재 발생 시 감지기·발신기로부터 발하는 화재신호인 접점신호를 중계기를 거쳐 통신신호(고유신호)로 변환하여 수신기에 전송하는 중계 역할을 해주는 장치이다.

- 감지기·발신기 또는 전기적 접점 등의 작동에 따른 신호를 받아 수신기의 제어반에 전송하는 장치
- R형 수신기와 연동되며, 자동화재탐지설비에서 P형 수신기와 R형 수신기를 구별하는 요소이다.

수신기의 중계기 연동 유무

구분	P형 수신기	R형 수신기
중계기 유무(○,×)	×	○

2회로(2/2) 중계기   4회로(4/4) 중계기

중계기(참고 : ADIO, GFS)

③ 중계기 구조

중계기는 4단자 구조로 구성된다.

□ 단자 위치

통신 단자	입력 단자
전원 단자	출력 단자

3-1 단자의 기능

1) 입력단자 : 감지기 · 발신기 및 가스누설경보기로부터 발하여진 접점신호를 중계기로 입력시키는 단자

    □ 그 외 입력신호의 종류

- 수동조작함(SVP)의 기동
- 소화전펌프의 동작 확인
- 압력스위치(PS)의 동작
- 저수위 신호
- 스프링클러(SP)의 밸브 개방 확인
- 방화셔터의 동작 신호

2) 통신단자 : 중계기와 수신기 사이에 통신신호를 전송하기 위해 통신선로를 결선하는 단자

3) 출력단자 : 경종 및 시각경보기 등의 경보장치를 작동시키기 위해 수신기의 출력인 통신신호를 중계기에서 다시 접점신호로 변환시켜 출력신호로 내보내는 출력단자

    □ 그 외 입력신호의 종류

- 펌프의 동작
- 스프링클러(SP)의 밸브 개방
- 건식SP의 콤프레셔 정지

4) 전원단자 : 수신기로부터 DC 24[V]의 전원을 공급받는 단자

5) DIP Switch : 고유신호인 IP Address를 설정하는 단자

6) 중계기 작동 소요시간 : 수신 개시로부터 발신 개시까지의 소요시간은 5초 이내로 작동

중계기 구조(출처 : 한국소방공사)

4 작동원리

1) 감지기·발신기 작동에 의한 화재신호 또는 가스누설경보기의 탐지부에서 발하는 가스누설신호를 받아 수신기, 가스누설경보기, 자동소화설비의 제어반에 발신하는 장치로 소화설비·제연설비 및 방재설비에 제어신호를 발신한다.

2) 화재 중계기는 감지기, 수신기, 발신기 등 자동화재탐지설비의 구성요소 중 하나로, 작동과정은 다음과 같다.
   ① 화재 시 감지기·발신기로부터 발하는 접점신호가 중계기의 입력단자로 입력되면
   ② 중계기에서 접점신호를 통신신호(고유신호)로 변환한 후 통신단자를 통해 수신기로 발신된다.
   ③ 경종 및 시각경보기를 작동시키기 위한 수신기의 출력은 통신신호로 중계기에 전송되고
   ④ 중계기에서 다시 통신신호(고유신호)를 접점신호로 변환한 후 중계기의 출력단자를 통해 출력시켜 연동장치를 작동시킨다.

3) 중계기는 화재탐지장치와 수신기 사이 및 수신기와 경보장치 사이에서 화재신호를 중계역할하는 장치이다.

4) 화재 중계기의 기능
   ① 경보신호의 전달 : 감지기로부터 받은 경보신호를 다른 수신기로 전달한다.
   ② 경보신호의 중계 : 감지기로부터 받은 경보신호를 다른 수신기로 중계한다.
   ③ 경보신호의 증폭 : 감지기로부터 받은 경보신호를 증폭하여 다른 수신기에 전달 및 중계한다.

★ 중계기의 신호변환

구분	화재탐지장치와 수신기 사이	수신기와 경보장치사이
신호변환	접점신호를 통신신호(고유신호)로	통신신호(고유신호)를 접점신호로

★ 자동화재탐지설비의 계통도 비교

☐ P형 수신기 :

　감지기-발신기-수신기

☐ R형 수신기 :

　감지기-발신기-중계기-수신기

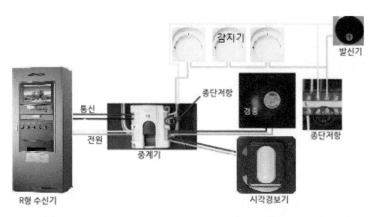

자동화재탐지설비의 중계기 연동

⑤ 중계기 분류

중계기는 수용 가능한 회로의 수와 선로의 유무에 따라 구분할 수 있다.

5-1 수용회로 수

5-1-1 집합형 중계기

① 중계기 전원으로 외부전원 교류AC 220[V]를 별도로 사용한다.

② 대용량 회로(입력 : 출력 30~40)로 집중형 중계기가 1개가 3개 층까지 담당할 수 있다.

③ 자동절환 기능 : 중계기 내부에 정류기 및 비상 축전지가 내장되어 있어 외부의 주 전원 정전 시 자동으로 절환되어 정상 작동이 가능하다.

④ 독립제어 기능 : 중계기와 수신기 사이의 선로에 사고발생 시 독립제어 기능으로 정상 작동이 가능하다.

5-1-2 분산형 중계기

① 수신기의 전원 직류DC 24[V]를 공급받아 중계기 전원으로 사용한다.

② 소용량 회로(입력 : 출력 5 미만)로 국부적으로 기기별로 사용된다.

- 2회로 중계기 : 입력단자 2/출력단자 2
- 4회로 중계기 : 입력단자 4/출력단자 4

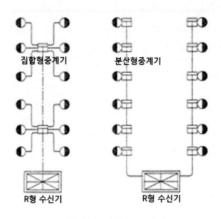

집합형/분산형 중계기

5-2 선로의 유무

선로가 있는 유선 중계기와 선로가 없는 무선 중계기로 구분된다.

- 유선 중계기 : 유선으로 감지기와 수신기를 연결하는 중계기
- 무선 중계기 : 무선으로 감지기와 수신기를 연결하는 중계기

무선중계기(참조 : m.blog.naver.com, (주)리더스테크)

중계기 종류

구분	집합형 중계기	분산형 중계기
전원	전원장치 내장 $AC\,110/220\,[V]$	전원장치 비내장 $DC\,24\,[V]$
전력공급	외부전원 or 비상전원 내장	수신기 전원
용량	대용량 30~40회로	소용량 5 회로 미만
유지관리	편리	불편(중계기 고장시 교체)
크기	대형	소형

6 중계기 설치기준

6-1 설치기준

① 수신기에서 직접 감지기회로의 도통시험을 하지 않는 경우는 수신기와 감지기 사이에 중계기를 설치

② 조작 및 점검에 편리하고 화재 및 침수 등의 재해로 인한 피해를 받을 우려가 없는 장소에 중계기를 설치

③ 수신기에 따라 감시되지 않는 배선으로 전력을 공급받는 경우 :
- 전원입력 측의 배선에 과전류 차단기를 설치
- 전원의 정전 시에는 즉시 수신기에 표시
- 상용전원 및 예비전원의 시험을 할 수 있도록 할 것
  - 중계기의 예비전원 : 원통밀폐형 니켈카드뮴 축전지, 무보수밀폐형 연 축전지

6-2 중계기 기능

① 정격전압이 60[V] 이상인 경우 중계기의 외함에는 접지단자를 설치

② 예비전원회로에 단락사고 등으로부터 보호하기 위한 퓨즈를 설치

③ 화재신호에 영향을 미칠 우려가 없는 곳에 조작부를 설치

6-3 중계기의 점검 항목

① 설치 위치가 적당한지

② 설치 장소가 적당한지

③ 전원입력 측의 배선에 과전류 차단기를 설치되었는지

④ 전원의 정전 시 즉시 수신기에 표시되는지

⑤ 상용전원 및 예비전원의 시험을 할 수 있는지

6-4 중계기의 예비전원

예비전원인 축전지의 충전시험 및 방전시험은 방전종지전압을 기준으로 한다.

① 방전종지전압 : 축전지의 수명을 위해 단자전압이 0이 될 때까지 방전시키지 않는 전압

- 원통형 니켈카드뮴 축전지 - 1cell 당 1.0V
- 무보수 밀폐형 연축전지 - 단진전지 당 1.75V

② 감시상태 : 60분간 지속

③ 작동상태 : 10분간 지속

④ 자동과충전방지 기능

6-5 중계기 시험

① 반복시험 : 정격전압에서 2000회 작동 반복시험 시 기능에 이상이 없을 것

② 절연저항시험 : 직류DC 500[V]의 절연저항계로 20[$M\Omega$] 이상의 절연저항

- 중계기의 절연된 충전부와 외함 사이
- 절연된 선로 사이

★ 소방설비의 반복시험

소방설비의 반복시험 비교

소방설비 종류	감지기·발신기	중계기	비상조명등
반복시험 수	1000회	2000회	5000회

| 예제 | 중계기의 설치 기준을 쓰시오. |

정답

① 수신기와 감지기 사이에 중계기를 설치(수신기에서 직접 감지기회로의 도통시험을 하지 않을 경우)
② 조작 및 점검에 편리하고 화재 및 침수 등의 재해로 인한 피해를 받을 우려가 없는 장소에 중계기를 설치
③ 수신기에 따라 감시되지 않는 배선으로 전력을 공급받는 경우
- 전원입력 측의 배선에 과전류 차단기를 설치
- 전원의 정전 시에는 즉시 수신기에 표시
- 상용전원 및 예비전원의 시험을 할 수 있도록 할 것
  - 중계기의 예비전원 : 원통밀폐형 니켈카드뮴 축전지, 무보수밀폐형 연축전지

01 중계기의 외함에 접지단자를 설치해야 하는 정격전압은 얼마인가?

① 30[V] 이상 　　　　　　　　　　② 50[V] 이상

③ 60[V] 이상 　　　　　　　　　　④ 80[V] 이상

> **해설** 중계기의 접지단자
>
> 정격전압이 60[V] 이상인 경우 중계기의 외함에는 접지단자를 설치할 것.

> **정답** ③

02 자동화재탐지설비 중 다음과 같은 원리로 작동하는 장치는?

> 감지기·발신기 작동에 의한 화재신호 또는 가스누설경보기의 탐지부에서 발하는 가스누설신호
> 를 받아 수신기, 가스누설경보기, 자동소화설비의 제어반에 발신하는 장치로 소화설비·제연설비
> 및 방재설비에 제어신호를 발신한다.

① 감지기 　　　　　　　　　　　② 발신기

③ 수신기 　　　　　　　　　　　④ 중계기

> **해설** 중계기의 정의
>
> 중계기는 화재나 가스누설로 인한 탐지신호를 통신신호로 변환하여 수신기에 수신되도록 중계
> 역할하는 장치이다.

> **정답** ④

03 다음 중 중계기의 설치 기준이 아닌 것은?

① 정격전압이 60[V] 이상인 경우 중계기의 외함에는 접지단자를 설치

② 예비 전원회로에 단락사고 등으로부터 보호하기 위한 퓨즈를 설치

③ 화재신호에 영향을 미칠 우려가 없는 곳에 조작부를 설치

④ 직류DC 500[V]의 절연저항계로 절연저항은 $50[M\Omega]$ 이상이어야 한다.

해설 중계기의 설치기준

- 정격전압이 60[V] 이상인 경우 중계기의 외함에는 접지단자를 설치
- 예비 전원회로에 단락사고 등으로부터 보호하기 위한 퓨즈를 설치
- 화재신호에 영향을 미칠 우려가 없는 곳에 조작부를 설치
- 직류DC 500[V]의 절연저항계로 절연저항은 20[$M\Omega$] 이상

정답 ④

04 중계기의 절연저항시험에서 절연저항계의 직류전압과 절연저항값은 각각 얼마인가?

① DC 500[V], 10[$M\Omega$] 이상   ② DC 500[V], 20[$M\Omega$]이상

③ DC 500[V], 30[$M\Omega$] 이상   ④ DC 500[V], 50[$M\Omega$] 이상

해설 절연저항시험

직류DC 500[V]의 절연저항계로 20[$M\Omega$] 이상의 절연저항

정답 ②

05 중계기의 수신 개시로 부터 발신 개시 까지의 소요시간은?

① 5초 이내   ② 10초 이내

③ 30초 이내   ④ 60초 이내

해설 중계기 작동 소요시간

수신 개시로 부터 발신 개시 까지의 소요시간은 5초 이내로 작동하여야 한다.

정답 ①

06 **자동화재탐지설비의 중계기 설치 기준으로 빈칸에 알맞게 채우시오.**

> 1) 수신기에서 직접 감지기회로의 (a)을 하지 않는 경우는 수신기와 감지기 사이에 중계기를 설치
> 2) 조작 및 점검에 편리하고 화재 및 침수 등의 재해로 인한 피해를 받을 우려가 없는 장소에 중계기를 설치
> 3) 수신기에 따라 감시되지 않는 배선으로 전력을 공급받는 경우에는 전원입력 측의 배선에 (b)를 설치하고 해당 전원의 정전이 즉시 수신기에 표시되는 것으로 하며 (c) 및 (d)의 시험을 할 수 있도록 할 것

해설 중계기 설치 기준

① 수신기에서 직접 감지기회로의 (도통시험)을 하지 않는 경우는 수신기와 감지기 사이에 중계기를 설치

② 조작 및 점검에 편리하고 화재 및 침수 등의 재해로 인한 피해를 받을 우려가 없는 장소에 중계기를 설치

③ 수신기에 따라 감시되지 않는 배선으로 전력을 공급받는 경우
- 전원입력 측의 배선에 (과전류 차단기)를 설치
- 전원의 정전 시에는 수신기에 표시
- (상용전원) 및 (예비전원)의 시험을 할 수 있도록 할 것
  - 중계기의 예비전원 : 원통밀폐형 니켈카드뮴 축전지, 무보수밀폐형 연축전지

정답 a : 도통시험, b : 과전류차단기, c : 상용전원, d : 예비전원

06 / 음향장치

1 개요

화재 발생이나 가스 누설 등에 대한 정보를 소리로 경보를 발하거나 청각장애인을 위한 빛의 점멸로 시각적으로 경보를 발함으로써 초기 피난 및 소화활동이 이루어질 수 있도록 알려주는 설비가 필요하다.

2 정의

음향장치란? 화재 발생 시 화재에 대한 경보를 알려 주는 장치로 경보기구 또는 비상경보설비에 사용하는 경종(벨) 등을 말한다.

3 음향장치의 종류

화재에 대한 경보를 알리는 음향장치는 다음과 같이 분류된다.

3-1 울림 방식

경보의 종류에 따른 울림 방식에 따라 경종(Bell)과 전자사이렌으로 구분된다.
① 음향장치로 대부분 경종이 많이 사용된다. 따라서 경종을 음향장치라고 칭한다.

3-2 설치 위치

설치 위치에 따라 주경종(주음향장치)과 지구경종(지구음향장치)로 구분된다.
① 주음향장치 : 수신기 내부 또는 그 직근(바로 근처)에 설치하는 장치
② 지구음향장치 : 소방대상물의 각 경계구역에 설치하는 장치

경종

전자사이렌

음향장치

3-3 경보방식

경보방식에 따라 일제 및 우선 경보방식으로 구분된다.

1) 일제경보방식
① 화재 발생시 경보를 전 층에 경보를 발하는 방식

2) 우선경보방식
① 층수가 11층 이상의 특정소방대상물
② 공동주택은 16층 이상의 특정소방대상물

★ 우선경보방식

발화층	경보대상층
2층 이상	발화층+그 직상 4개층
1층	발화층+그 직상 4개층+지하층
지하층	발화층+그 직상층+기타 지하층

* 기타 지하층 : 발화층과 그 직상층 외 나머지 모든 지하층

★ 경보방식 비교

발화층	경보층	
	11층(공동주택 16층) 이상 (우선경보방식)	11층(공동주택 16층) 미만 (일제경보방식)
2층이상	• 발화층 • 직상 4개층	
1층	• 발화층 • 직상 4개층 • 지하층	• 전 층에 일제경보
지하층	• 발화층 • 직상층 • 기타 지하층	

3-3-1 일제경보방식

● 화재발생 시 일제히 경보하는 방식으로 피난자들이 동시에 대피할 수 있도록 일제히 경보하는 방식이다.

● 적용대상 건축물은 병목현상으로 인한 더 큰 피해를 초래할 수 있으므로 10층(공동주택 15층) 이하의 건축물에 적용된다.

● 경보범위는 건축물 전체 층이다.

3-3-2 우선경보방식

- 화재발생 시 경보를 우선적으로 발하는 방식으로 대형건물의 화재 시 많은 피난자가 동시에 몰리는 현상을 방지하기 위한 방식이다.
- 적용대상 건축물로는 11층(공동주택 16층) 이상에 적용된다.
- 경보범위는 발화층 및 그 직상 4개층에 경보로 아래와 같이 구분된다.
  - 2층 이상의 층에서 발화 시 : 발화층 및 그 직상 4개층에 경보
  - 1층 이상의 층에서 발화 시 : 발화층 및 그 직상 4개층 및 지하층에 경보
  - 지하층에서 발화 시 : 발화층 및 그 직상층 및 기타의 지하층에 경보

층					
11층					
8층					
7층					
6층	경보				
5층	경보	경보			
4층	경보	경보			
3층	경보	경보			
2층	화재발생 (경보)	경보			
1층		화재발생 (경보)	경보		
지하1층		경보	화재발생 (경보)	경보	경보
지하2층		경보	경보	화재발생 (경보)	경보
지하3층		경보	경보	경보	화재발생 (경보)

우선경보방식 화재경보 대상

예제 지상 11층, 지하 3층인 특정소방대상물에 설치된 자동화재탐지설비의 음향장치 설치기준에 관한 사항이다. 아래 표와 같이 화재발생 시 우선적으로 경보하여야하는 층에 경보표시를 하시오. (단, 공동주택이 아니고, 경보표시는 ○)

구분	3층 화재 시	2층 화재 시	1층 화재 시	지하 1층 화재 시	지하 2층 화재 시	지하 3층 화재 시
7층						
6층						
5층						
4층						
3층	•					
2층		•				
1층			•			
지하 1층				•		
지하 2층					•	
지하 3층						•

해설 지하층을 제외한 11층 이상이므로 우선경보방식이 적용된다.

정답

구분	3층 화재 시	2층 화재 시	1층 화재 시	지하 1층 화재 시	지하 2층 화재 시	지하 3층 화재 시
7층	○					
6층	○	○				
5층	○	○	○			
4층	○	○	○			
3층	•	○	○			
2층		•	○			
1층			•	○		
지하 1층			○	•	○	○
지하 2층			○	○	•	○
지하 3층			○	○	○	•

④ 음향장치의 구조 및 성능

① 정격전압의 80[%]전압에서 음향을 발할 수 있는 것으로 할 것.
   (다만, 건전지를 주전원으로 사용하는 음향장치는 예외)
② 음량은 부착된 음향장치의 중심으로부터 1[m] 떨어진 위치에서 90[dB] 이상이 될 것.
③ 감지기 및 발신기와 연동하여 작동할 것.
④ 정격전압 인가 시 경종의 소비전류는 50[mA] 이하이다.

★ 음향장치의 음량

음량	특성	용도
90 [dB] 이상	• 다수 대상 경보 • 공업용(고소음)	• 자동화재탐지설비 • 비상경보설비 • 가스누설경보기 • 화재알림형 비상경보장치(신설)
85 [dB] 이상	• 건전지 전원 • 음향장치 내장	• 단독경보형 감지기 • 화재알림형 감지기(신설)
70 [dB] 이상	• 관계자 대상 경보 • 영업용.가정용	• 누전경보기 주음향장치 • 가스누설경보기 주음향장치 • 단독경보형 감지기의 성능저하시
60 [dB] 이상	• 고장 경보	• 고장표시장치 • 가스누설경보기 단독형 건전지 성능저하 시 • 단독경보형 감지기의 성능저하시 : 음성안내

★ 소비전류 비교

구분	표시등	경종
소비전류	40[mA]	50[mA]

예제 음향장치는 정격전압의 몇 %에서 음향을 발할 수 있어야 하는가?

해설 음향장치는 정격전압

정격전압의 80[%]전압에서 음향을 발할 수 있는 것으로 할 것.

정답 80[%]

5 음향장치의 설치 기준

5-1 설치 기준

① 주음향장치는 수신기의 내부 또는 그 직근(바로 가까운 근처)에 설치할 것.

주음향장치(주경종)

② 층수가 11층(공동주택의 경우에는 16층) 이상의 특정소방대상물은
- 2층 이상의 층에서 발화한 때에는 발화층 및 그 직상 4개 층에
- 1층 이상의 층에서 발화한 때에는 발화층, 그 직상 4개 층 및 지하층에
- 지하층에서 발화한 때에는 발화층, 그 직상층 및 기타의 지하층에

경보를 발할 것.(개편)

③ 지구음향장치는 특정소방대상물의 층마다 설치하되, 해당 특정소방대상물의 각 부분으로부터 하나의 지구음향장치까지의 수평거리는 25[m] 이하가 되도록 하고, 해당 층의 각 부분에 유효하게 경보를 발할 수 있도록 설치할 것.

(다만, 비상방송설비를 자동화재탐지설비의 감지기와 연동하여 작동하도록 설치한 경우는 지구음향장치를 설치하지 아니할 수 있다.)

④ 기둥 또는 벽이 없는 대형공간의 경우 지구음향장치는 설치대상 장소에 가장 가까운 장소의 기둥이나 벽에 설치할 것.

⑤ 하나의 특정소방대상물에 2개 이상의 수신기가 설치된 경우 어느 수신기에서도 지구음향장치 및 시각경보장치를 작동할 수 있도록 할 것.

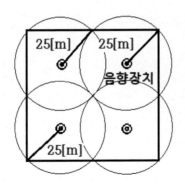

지구음향장치 수평거리

예제 발신기, 음향장치, 확성기의 수평거리 설치 기준은?

해설 지구음향장치에서 하나의 음향 장치까지의 수평거리는 25[m] 이하가 되게 설치

정답 25[m] 이하

5-2 음향장치의 시험

5-2-1 반복 시험

① 정격전압에서 울림 5분, 정지 5분의 작동을 반복하여 8시간 울리는 시험
② 정격전압에서 연속으로 72시간 울리는 시험

5-2-2 절연저항 시험

직류DC 500[V]의 절연저항계로 20[$M\Omega$] 이상의 절연저항
① 경종의 절연된 단자 사이
② 단자와 외함 사이

예제 음향장치의 반복 시험에 대한 아래 빈칸에 알맞게 채우시오.

음향장치의 반복시험 시 정격전압에서 울림 ( )분, 정지 ( )분의 작동을 반복하여 ( ) 시간 울려야한다.

해설 음향장치의 반복 시험

정격전압에서 울림 5분, 정지 5분의 작동을 반복 하여 8시간 울리는 시험

예제 음향장치의 절연저항시험에서 직류DC 500[V]의 절연저항계로 측정 시 절연저항값은?

정답 20[$M\Omega$] 이상

01 자동화재탐지설비 중 다음 설치 기준에 해당하는 장치의 명칭을 쓰시오.

수신기의 내부 또는 그 직근에 설치하는 경종으로 관계자에게 화재 발생을 알리는 장치이다.

① 시각경보기　　　　　　　　② 청각경보기
③ 주음향장치　　　　　　　　④ 지구음향장치

해설 주음향장치의 설치 기준 문제
　　 – 주음향장치는 수신기의 내부 또는 그 직근(바로 근처)에 설치할 것.

정답 ③

02 음향장치의 설치 기준으로 옳지 않은 것은?

① 주음향장치는 수신기의 내부 또는 그 직근(바로 근처)에 설치할 것.
② 우선경보방식의 특정소방대상물은 층수가 11층(공동주택의 경우에는 16층) 이상이다.
③ 음향장치는 특정소방대상물의 층마다 설치할 것.
④ 하나의 특정소방대상물에 2개 이상의 수신기가 설치된 경우 어느 수신기에서도 지구음향
장치 및 시각경보장치를 작동할 수 있도록 할 것.

해설 음향장치의 설치기준
　　 – 주음향장치는 수신기의 내부 또는 그 직근(바로 근처)에 설치할 것.
　　 – 층수가 11층(공동주택의 경우에는 16층) 이상의 특정소방대상물
　　 – 지구음향장치는 특정소방대상물의 층마다 설치할 것.
　　 – 하나의 특정소방대상물에 2개 이상의 수신기가 설치된 경우 어느 수신기에서도 지구음향장
　　　 치 및 시각경보장치를 작동할 수 있도록 할 것.

정답 ③

03 우선경보방식에 대한 설치 기준으로 옳지 않은 것은?

① 5층 이상, 연면적 $3000[m^2]$ 초과의 특정소방대상물

② 2층 이상의 층에서 발화한 때에는 발화층 및 그 직상 4개 층에 경보

③ 1층 이상의 층에서 발화한 때에는 발화층, 그 직상 4개 층 및 지하층에 경보

④ 지하층에서 발화한 때에는 발화층, 그 직상층 및 기타의 지하층에 경보

해설 우선경보방식의 설치기준 문제

층수가 11층(공동주택의 경우에는 16층) 이상의 특정소방대상물은

– 2층 이상의 층에서 발화한 때에는 발화층 및 그 직상 4개 층에

– 1층 이상의 층에서 발화한 때에는 발화층, 그 직상 4개 층 및 지하층에

– 지하층에서 발화한 때에는 발화층, 그 직상층 및 기타의 지하층에 경보를 발할 것.(개편)

– 5층 이상, 연면적 $3000[m^2]$ 초과의 특정소방대상물은 개편 전의 기준이다.

정답 ①

04 지구음향장치는 특정 소방대상물의 층마다 설치하되, 해당 특정 소방대상물의 각 부분으로 부터 하나의 지구음향장치 까지의 설치 수평거리는?

① 25[m] 이하   ② 35[m] 이하

③ 45[m] 이하   ④ 55[m] 이하

해설 지구음향장치 설치 기준 문제

– 지구음향장치는 특정소방대상물의 층마다 설치할 것. 하되, 해당 특정소방대상물의 각 부분 으로부터 하나의 지구음향장치까지의 수평거리는 25[m] 이하가 되도록 하고, 해당 층의 각 부분에 유효하게 경보를 발할 수 있도록 설치할 것.

정답 ①

05 **시각경보장치의 절연저항값은?**

① 5[$M\Omega$] 이상

② 10[$M\Omega$] 이상

③ 15[$M\Omega$] 이상

④ 20[$M\Omega$] 이상

> **해설** 절연저항시험 문제
> – 시각경보장치의 절연저항시험 : 직류DC 500[V]의 절연저항계로 5[$M\Omega$] 이상의 절연저항
> – 음향장치의 절연저항시험 : 직류DC 500[V]의 절연저항계로 20[$M\Omega$] 이상의 절연저항

> **정답** ①

06 **자동화재탐지설비의 장치 중 다음 정의에 대한 빈칸을 완성하시오.**

자동화재탐지설비 중에서 (a)장치는 수신기의 내부 또는 그 직근에 설치하는 경종으로 관리자에게 화재 발생을 알리고, (b)장치는 층마다 설치하는 경종으로 건물 내의 사람들에게 화재 사실을 경보한다.

> **해설** 음향장치의 종류 문제
> 음향장치에는 설치 위치에 따라 주음향장치와 지구음향장치로 구분된다.

> **정답** a : 주음향장치
> b : 지구음향장치

07 **음향장치의 음량은 부착된 음향장치의 중심으로부터 얼마 위치에서 몇 [dB] 이상이여야 하는가?**

① 1[m] 거리에서 70[dB] 이상

② 2[m] 거리에서 80[dB] 이상

③ 1[m] 거리에서 90[dB] 이상

④ 2[m] 거리에서 90[dB] 이상

> **해설** 음향장치의 음량은 부착된 음향장치의 중심으로부터 1[m] 떨어진 위치에서 90[dB] 이상이 될 것.

> **정답** ③

07 / 시각경보장치

 개요

화재 발생 시 음향으로 경보를 들을 수 없는 청각장애인에게 경보등의 점멸방식으로 시각적으로
알려주는 경보장치의 설치가 필요하다.

2 정의

시각경보장치(청각장애인용)란? 자동화재탐지설비에서 발하는 화재신호를 시각경보기에 전달하여
경보를 듣지 못하는 청각장애인에게 빛의 점멸형태인 시각정보로 경보를 발하는 장치이다.

(a) 크세논램프방식

(b) LED방식

시각경보기

③ 시각경보장치의 설치 기준

3-1 음향장치 및 시각경보장치의 설치 기준

① 복도·통로·청각장애인 객실 및 공용으로 사용하는 거실(회의실, 강의실, 로비, 오락실, 대기실, 체력단련실, 접객실, 안내실, 전시실 기타 이와 유사한 장소)에 설치하며, 각 부분으로부터 유효하게 경보를 발할 수 있는 위치에 설치할 것.

② 공연장, 관람장, 집회장 또는 이와 유사한 장소에 설치하는 경우 시선이 집중되는 무대부 등에 설치할 것.

③ 설치 높이는 바닥으로부터 2[m] 이상 ~ 2.5[m] 이하에 설치할 것.
　(다만, 천장 높이가 2[m] 이하인 경우 천정으로부터 0.15[m] 이내의 장소에 설치하여야 한다.)

④ 시각경보장치의 광원은 전기저장장치(외부에 전기에너지를 저장해두고 필요할 때 전기를 공급하는 장치) 또는 전용 축전지설비에 의해 점등할 것.
　(다만, 시각경보기에 전원을 공급할 수 있는 수신기를 사용하는 경우는 예외)

⑤ 하나의 특정소방대상물에 2개 이상의 수신기가 설치된 경우 어느 수신기에서도 지구음향장치 및 시각경보장치를 작동할 수 있도록 할 것.

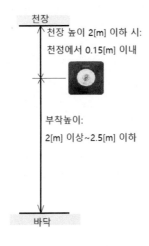

시각표시등 부착 높이

3-1-1 절연저항시험

직류DC 500[V]의 절연저항계로 5[$M\Omega$] 이상의 절연저항

① 시각경보장치의 전원부 양단자 사이

② 양선의 단락부분과 비충전부 사이

3-1-2 작동 시간

① 화재신호를 받은 시각경보장치는 3초 이내에 경보를 발할 것.

② 정지신호를 받은 시각경보장치는 3초 이내에 경보를 정지할 것.

3-2 시각경보장치의 기능

① 시각경보장치에 정격전압 인가 시 작동신호에 대한 1분간 점멸횟수를 측정하는 경우

　　점멸주기 : 초당 1회 이상~3회 이내

② 시각경보장치의 광원으로부터 수평거리 6[m]에서 조도를 측정하는 경우

　　광도[cd] 기준

- 전면(0°) : 15[cd]
- 대각(45°) : 11.25[cd]
- 측면(90°) : 3.75[cd]

③ 최대광도는 1000[cd]를 초과하지 않을 것.

④ 시각경보기의 광원의 색상 : 흰색 또는 투명

⑤ 수평각도 180°와 수직각도 90° 범위 내의 이격거리 12.5[m] 떨어진 어느 지점에서도 점멸상태
　를 확인가능 할 것.

연·습·문·제

01 자동화재탐지설비에서 발하는 화재신호를 시각경보기에 전달하여 경보를 듣지 못하는 청각장애인에게 빛의 점멸형태인 시각정보로 경보를 발하는 장치는?

> **해설** 시각경보장치
>
> 시각경보장치(청각장애인용)란? 자동화재탐지설비에서 발하는 화재신호를 시각경보기에 전달하여 경보를 듣지 못하는 청각장애인에게 빛의 점멸형태인 시각정보로 경보를 발하는 장치이다.

02 시각경보장치의 설치 높이는 바닥으로부터 얼마인가?

① 0.8[m] 이상 ~ 1.5[m] 이하
② 1[m] 이상 ~ 2.5[m] 이하
③ 1.5[m] 이상 ~ 2.5[m] 이하
④ 2[m] 이상 ~ 2.5[m] 이하

> **해설** 시각경보장치의 설치 기준 문제
>
> 시각경보장치의 설치 높이는 바닥으로부터 2[m] 이상 ~ 2.5[m] 이하에 설치할 것.
> (다만, 천장 높이가 2[m] 이하인 경우 천정으로부터 0.15[m] 이내의 장소에 설치하여야 한다.)

> **정답** ④

03 시각경보장치의 설치 시 천장의 높이가 2[m] 이하인 경우에는 천장으로부터 얼마 이내에 설치해야 하는가?

① 0.10[m] 이내
② 0.15[m] 이내
③ 0.20[m] 이내
④ 0.25[m] 이내

> **해설** 시각경보장치의 설치 기준 문제
>
> 시각경보장치의 설치 높이는 바닥으로부터 2[m] 이상 ~ 2.5[m] 이하에 설치할 것.
> (다만, 천장 높이가 2[m] 이하인 경우 천정으로부터 0.15[m] 이내의 장소에 설치하여야 한다.)

> **정답** ②

04 **시각경보장치의 성능으로 옳지 않은 것은?**

① 시각경보장치에 정격전압 인가 시 작동신호에 대한 점멸주기는 초당 1회 이상~3회 이내

② 시각경보장치의 광원으로부터 수평거리 6[m]에서 조도를 측정하는 경우 전면의 조도는
0°: 15[cd]

③ 최대광도는 1000[cd] 이상

④ 시각경보기의 광원의 색상: 흰색 또는 투명

해설 – 시각경보장치에 정격전압 인가 시 작동신호에 대한 1분간 점멸횟수를 측정하는 경우
점멸주기: 초당 1회 이상~3회 이내
– 시각경보장치의 광원으로부터 수평거리 6[m]에서 조도를 측정하는 경우
광도[cd] 기준
– 전면(0°): 15[cd]
– 대각(45°): 11.25[cd]
– 측면(90°): 3.75[cd]
– 최대광도는 1000[cd]를 초과하지 않을 것.
– 시각경보기의 광원의 색상: 흰색 또는 투명
– 수평각도 180°와 수직각도 90° 범위 내의 이격거리 12.5[m] 떨어진 어느 지점에서도
점멸상태를 확인가능 할 것.

정답 ③

05 **시각경보장치의 설치 기준으로 옳지 않은 것은?**

① 자동화재탐지설비는 음향장치 외에 시각장애인용 시각경보장치를 설치하여야 한다.

② 공연장, 관람장, 집회장 또는 이와 유사한 장소에 설치하는 경우 시선이 집중되는 무대부
등에 설치할 것.

③ 설치 높이는 바닥으로부터 2[m] 이상 ~ 2.5[m] 이하에 설치할 것.

④ 시각경보장치의 광원은 전기저장장치 또는 전용 축전지설비에 의해 점등할 것.

해설 시각경보장치의 설치 기준

자동화재탐지설비는 음향장치 외에 청각장애인용 시각경보장치를 설치하여야 한다.

- 복도·통로·청각장애인 객실 및 공용으로 사용하는 거실(회의실, 강의실, 로비, 오락실, 대기실, 체력단련실, 접객실, 안내실, 전시실 기타 이와 유사한 장소)에 설치하며, 각 부분으로부터 유효하게 경보를 발할 수 있는 위치에 설치할 것.
- 공연장, 관람장, 집회장 또는 이와 유사한 장소에 설치하는 경우 시선이 집중되는 무대부 등에 설치할 것.
- 설치 높이는 바닥으로부터 2[m] 이상 ~ 2.5[m] 이하에 설치할 것.
  (다만, 천장 높이가 2[m] 이하인 경우 천정으로부터 0.15[m] 이내의 장소에 설치하여야 한다.)
- 시각경보장치의 광원은 전기저장장치(외부에 전기에너지를 저장해두고 필요할 때 전기를 공급하는 장치) 또는 전용 축전지설비에 의해 점등할 것.
  (다만, 시각경보기에 전원을 공급할 수 있는 수신기를 사용하는 경우는 예외)
- 하나의 특정소방대상물에 2개 이상의 수신기가 설치된 경우 어느 수신기에서도 지구음향장치 및 시각경보장치를 작동할 수 있도록 할 것.

정답 ①

---

06 시각경보장치의 절연저항값은?

① 5[$M\Omega$] 이상
② 10[$M\Omega$] 이상
③ 15[$M\Omega$] 이상
④ 20[$M\Omega$] 이상

해설 절연저항시험 문제

- 시각경보장치의 절연저항시험 : 직류DC 500[V]의 절연저항계로 5[$M\Omega$] 이상의 절연저항
- 음향장치의 절연저항시험 : 직류DC 500[V]의 절연저항계로 20[$M\Omega$] 이상의 절연저항

정답 ①

08 전원

1) 개요

자동화재탐지설비를 정상적으로 작동시키기 위하여 전원공급 장치가 필요하다. 상용전원의 정전 시 또는 전압강하 시에도 전력을 원활하게 공급할 수 있어야 한다.

2) 정의

전원이란? 자동화재탐지설비를 정격전압에서 작동시킬 수 있도록 전력을 공급해주는 장치를 말한다.

3) 종류

자동화재탐지설비의 전원에는 상용전원, 비상전원 및 예비전원으로 구분된다.

3-1 상용전원

상용전원이란? 발전소로부터 전력을 공급받아 일상에서 상용으로 공급되는 전원을 말한다. 자동화재탐지설비의 수신기에서는 상용전원으로 교류AC 220[V]를 공급받아 정류기를 통해 직류 DC 24[V]로 변환하여 사용된다.

3-1-1 상용전원의 종류

교류전원의 옥내간선, 축전지설비, 전기저장장치로 구분된다.

3-1-2 상용전원 설치 기준

① 전원은 전기가 정상적으로 공급되는 축전지설비, 전기저장장치(ESS : 외부 전기에너지를 저장해 두었다가 필요할 때 전기를 공급하는 장치) 또는 교류전압의 옥내 간선으로 하고, 전원까지의 배선은 전용으로 할 것.

② 개폐기에는 "자동화재탐지설비용"이라고 표시한 표지를 할 것.

3-1-3 전원 성능

① 자동화재탐지설비의 전원은 감시상태를 60분간 지속한 후 유효하게 10분 이상 경보할 수 있는 축전지설비(수신기에 내장하는 경우를 포함한다.) 또는 전기저장장치(외부 전기에너지를 저장해 두었다가 필요한 때 전기를 공급하는 장치)를 설치할 것.

(다만, 상용전원이 축전지설비인 경우 또는 건전지를 주전원으로 사용하는 무선식 설비인 경우에는 예외)

② 상용전원용의 축전지 용량은 무충전 상태로 다음 기준 이상의 축전지를 설치할 것.
- 감시상태 시 : 24시간 유지
- 작동상태 시 : 20분(소방 출동)간 지속적으로 작동

3-1-4 상용전원용 축전지설비의 기능

① 트리클 충전(Trickle charge) 또는 자동 충전에 의한 자동적 충전 기능

② 충전전원은 정격전압의 ±10% 범위 내에서 정상적인 성능으로 충전 가능

③ 소화설비의 조작을 위한 출력전압은 충전 정격전압의 ±10% 범위 내에서 출력

④ 축전지설비에 과충전 및 과방전 방지 장치 내장(다만, 위의 방지 장치가 없어도 축전지 성능에 이상이 없는 전밀폐형니켈카드뮴 축전지 등의 경우는 생략 가능)

⑤ 축전지설비에 자동 또는 수동으로 균등하게 충전되도록 부가 기능(다만, 균등 충전의 기능에 이상이 없는 전밀폐형니켈카드뮴 축전지 및 전밀폐형 연축전지 등의 경우는 생략 가능)

⑥ 축전지설비와 소방설비 간의 배선 도중에 전용 개폐기 설치
- 축전지설비인 주전원을 계폐할 수 있는 개폐기 설치
- 최대 부하전류의 1.5 ~ 3배의 전류를 차단시키는 밀폐형 퓨즈(Fuse) 설치

⑦ 출력전압을 감시할 수 있는 전압계 설치

⑧ 공칭전압은 알칼리 축전지 1.2[V] 이상, 연축전지 2[V] 이상

⑨ 축전지 액면을 확인할 수 있는 방산무장치 부착(다만, 산무가 없는 경우는 예외)

⑩ 축전지에서 발생하는 가스 등을 차단하기 위한 방법

- 축전지실
- 전용 축전지극(다만, 가스 발생 우려가 없는 전밀폐형니켈카드뮴 축전지 등은 예외)

3-2 비상 전원

비상전원이란? 주전원인 상용전원이 정전 또는 전압강하로 안정적인 전원을 공급할 수 없는 비상 상태의 경우에 일정시간 동안 설비가 정상적으로 전원을 공급할 수 있도록 별도의 전원공급을 하는 장치를 말한다.

비상전원은 수신기 측에서 DC 24[V]로 운용되는 전원 라인이고 분전반과 별개로 비상 라인이 연결된다.

3-2-1 비상 전원의 종류

축전지설비, 자가발전설비, 비상전원수전설비, 전기저장장치로 구분된다.

1) 비상 전원 수전설비

□ 비상 전원 수전설비의 수전방식

① 비상 전원설비 전용 변압기로부터 수전

② 수전설비의 주변압기 2차측에서 직접 전용 개폐기에 의한 수전

□ 비상 전원 수전설비 구성

수전설비와 변전설비로 구분된다.

① 수전설비 : 전력을 공급받는 설비

- 수전설비 구성요소
- 전력수급용 계기용 변성기(MOF) : 주회로의 고전압, 대전류를 수용가의 저전압, 소전류로 변성해주는 장치이다.

– 주차단장치 : 전로의 책임 분계점에 설치하는 차단기이다.

② 변전설비 : 공급받은 전압을 변성하는 설비

– 변압기 : 전압을 용도에 맞게 승압 또는 감압하는 장치이다.

– 변성기 : 통신용 변압기로 임피던스 매칭, 절연보강, 불평형을 평형으로 전환하는 장치이다.

③ 큐비클(Cubicle) : 수.변전설비, 배선 등의 수납을 위한 금속제 외함

– 전용 큐비클 : 소방회로 전용함

– 겸용 큐비클 : 소방회로와 일반회로 겸용함

MOF

수 · 배전반 큐비클

2) 축전지설비

- 자동적 충전 기능
- 충전전원은 정격전압의 ±10% 범위 내에서 정상적인 성능으로 충전 가능
- 축전지설비에 과충전방지 장치 내장
- 출력전압을 감시할 수 있는 전압계 설치
- 축전지설비에 자동 또는 수동으로 균등하게 충전되도록 부가 기능

  (다만, 균등 충전의 기능에 이상이 없는 전밀폐형니켈카드뮴 축전지 및 전밀폐형 연축전지 등의 경우는 생략 가능)
- 축전지설비와 소방설비 간의 배선 도중에 전용 개폐기 및 과전류 차단기 설치
- 주위온도 0[°C] ~ 40[°C] 범위 내에서 기능에 이상이 없을 것.
- 충전용량 : 최종 허용전압(축전지의 공칭전압의 80[%])까지 방전시킨 후 24시간 충전해서
  - 무충전으로 60분간 감시상태 유지
  - 자동화재탐지설비를 10분 이상 작동

★ 축전지설비 용량

구분	상용전원용 축전지	비상전원용 축전지
감시상태	무충전으로 24시간 유지	무충전으로 60분간 유지
작동상태	20분 경보	10분 경보

★ 축전지 충전방식

① 보통충전 : 필요할 때 마다 표준시간율로 충전하는 방식

② 급속충전 : 보통충전전류의 2배의 전류로 충전하는 방식

③ 부동충전 : 전지의 자기 방전을 충전함과 동시에 상용부하에 대한 전력공급은 충전기가 부담하되 부담하기 어려운 일시적인 대전류 부하는 축전지가 부담
- 상용부하의 전력공급 : 충전기
- 일시적 대전류 부하의 전력공급 : 축전지

④ 세류충전 : 트리클 충전(Trickle charge)으로 자기 방전량만 충전하는 방식

⑤ 회복충전 : 축전지의 과방전 및 방전상태, 가벼운 설페이션 현상 등이 발생했을 때 기능회복을 위한 충전방식

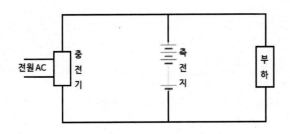

부동충전방식 회로

★ 축전지 용량

소방설비기사/산업기사 (전기), 전기기사/산업기사 시험에 자주 출제됨

▢ 충전된 축전지가 방전하는 특성 그래프로부터 축전지의 용량을 구하는 공식

$$C = \frac{1}{L}\{K_1(I_1 - I_0) + K_2(I_2 - I_1)... + K_n(I_n - I_{n-1})\} \quad \Leftarrow I_0 = 0$$

$$\therefore = \frac{1}{L}\{K_1 I_1 + K_2(I_2 - I_1) + K_3(I_3 - I_2)... + K_n(I_n - I_{n-1})\} [Ah]$$

여기서 C: 축전지 용량[Ah]

L : 용량저하율(보수율)

K : 용량환산시간

I : 방전전류[A]

● 방전특성이란? 축전기는 여러 개의 건전지로 구성되므로 각각의 건전지는 방전되는 시간이 다른 특성을 가진다, 이를 방전특성이라고 한다. 따라서 방전특성 그래프의 면적이 전체 건전지인 축전지의 용량이 된다.

예제 그림과 같은 방전특성을 갖는 부하에 필요한 축전지 용량[Ah]은?

단, 방전전류 : $I_1 = 200[A]$, $I_2 = 300[A]$, $I_3 = 150[A]$, $I_4 = 100[A]$

방전시간 :

$T_1 = 130[M]$, $T_2 = 120[M]$, $T_3 = 40[M]$, $T_4 = 5[M]$ $\Leftarrow [M]$: [분]

용량환산시간 : $K_1 = 2.45$, $K_2 = 2.45$, $K_3 = 1.46$, $K_4 = 0.45$ [분]

보수율 : 0.7

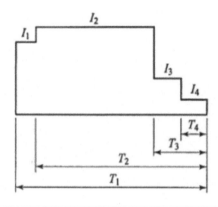

해설 축전지 용량

시간에 따라 변하는 방전특성 그래프이므로 면적을 4개의 영역(1/2/3/4)으로 나누어 축전지 용량을 구한다.

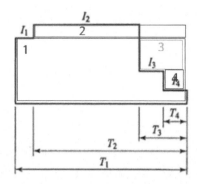

$$C = \frac{1}{L}\{K_1 I_1 + K_2(I_2 - I_1) + K_3(I_3 - I_2)... + K_n(I_n - I_{n-1})\} [Ah]$$

$$C = \frac{1}{0.7}\{2.45(200 - 0) + 2.45(300 - 200) + 1.46(150 - 200) + 0.45(100 - 150)\} [Ah]$$
$$= 705 [Ah]$$

□ 방전특성 그래프 2

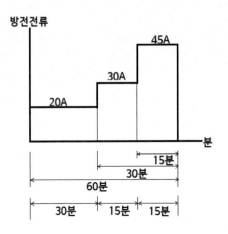

$$C = \frac{1}{L}\left[K_1 I_1 + K_2 I_2 + K_3 I_3\right] [Ah]$$

3) 자가발전설비

비상발전설비란? 비상전원 또는 예비전원 용도로 전원을 공급하기 위한 비상발전기(내연기관에 발전장치 결합)와 그 부대시설로 구성된 자가발전설비를 말한다.

□ 종류
   - 운전방식 구분 : 단독운전방식, 병렬운전방식
   - 연료 구분 : 디젤엔진 발전기, 기솔린엔진 발전기, 가스터빈 발전기

□ 충전장치 시험
   ● 절환장치 반복시험 : 상용전원 정전시 축전지설비로 자동 전환되는 시험
      - 정격전압의 ±10[%]에서 100회 작동 반복시험 시 기능에 이상이 없을 것
   ● 절연저항시험 : 직류DC 500[V]의 절연저항계로 3[$M\Omega$] 이상의 절연저항
      - 절연된 충전부와 외함 사이

3-2-2 비상 전원 설치 기준

① 점검이 편리하고 화재 및 침수 등의 재해로 인한 피해 받을 우려가 없는 곳에 설치할 것.

② 상용전원의 정전 시 비상 전원으로 자동 절환할 것.

③ 비상 전원의 설치장소는 다른 장소와 방화구획할 것.

④ 비상 전원을 실내에 설치할 경우 비상 조명등을 설치할 것.

⑤ 옥내의 비상 전원실에는 옥외로 통하는 급·배기설비를 설치할 것.

⑥ 비상 전원실의 출입구 외부에는 실의 위치와 비상 전원의 종류를 식별할 수 있도록 표지판을 부착할 것.

★ 비상 전원 설치 기준 요약

① 점검이 편리, 재해 우려가 없는 곳

② 상용 및 비상 전원간 자동 절환

③ 별도 방화구획

④ 비상조명등 설치

⑤ 옥내 비상 전원실에 급·배기설비

⑥ 비상 전원실 위치와 비상 전원 식별 표지판 부착

3-3 예비전원

예비전원이란? 상용전원의 정전 시 비상 전원으로 절환될 때 비상 전원의 정격전압이 투입되기 전까지 또는 전압강하로 상용전원의 용량부족 등과 같은 상황 발생 시 예비로 전원을 공급하기 위한 전원을 말한다.

● 예비전원의 용량이 비상 전원이 필요로 하는 용량보다 큰 경우 비상 전원을 생략할 수 있다.

   – 예비전원이 배선에 내열 조치된 경우에 한함

3-3-1 예비전원의 종류

알칼리계 2차 축전지, 리듐계 2차 축전지, 무보수밀폐형 연축전지로 구분된다.

● 예비전원은 24[V] 배터리 차저로 연결된다.

즉, 건전지 1.5[V]를 16개 연결하여 24[V]를 공급한다.

□ 축전지와 축전지설비 비교

- 축전지 : 전기에너지를 화학에너지를 저장해두었다가 필요시 전기로 재생시켜 사용하는 장치를 말한다. 예, 밧데리
  - 알칼리 축전지(Li, Na, K)
  - 연축전지(납+황산)
- 축전지설비 : 자동적으로 충전되는 납축전지를 말한다. 예, UPS

☆ 축전지 요약

구분	알칼리 축전지	연축전지
공칭전원	1.2[V]/cell	2.0[V]/cell
공칭용량	5Ah	10Ah
기전력	1.32[V]	2.05 ~ 2.08[V]
충전시간	짧다	길다
방전종지전압	0.96[V]	1.6[V]
재료	Li, Na, K	납, 황산

예제	알칼리 축전지의 장단점을 서술하시오.

□ 장점
  - 온도 특성이 양호하다.
    충전시간이 짧다.
    수명이 길다.
    기계적 강도가 좋다.
    과방전에 강하다.
□ 단점
  - 단자전압이 낮다.
  - 가격이 비싸다.

| 예제 | 축전지설비의 기능점검 시 필요한 점검기구 4가지를 쓰시오. |

- 비중계
- 스포이드
- 절연저항계
- 전류전압 측정계

3-4 축전지 용량

축전지(배터리) 용량을 구하는 과정에 대하여 살펴보고자 한다. 축전지 용량을 구하는 방법에는 단순 부하와 변동 부하로 구분할 수 있다.

1) 단순 부하

- 정전 후에도 전원 크기는 동일한 일정한 전원공급을 요하는 부하를 의미한다.
- 상용전원적용설비 종류 : 비상조명등, 유도등

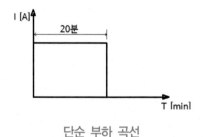

단순 부하 곡선

2) 변동 부하

- 정전 시 감시상태로 유지되다가 경보상태로 전환되므로 부하의 크기가 변동된다.
- 적용설비 종류 : 자동화재탐지설비, 비상경보설비, 비상방송설비

2-1) 변동 부하의 종류

증가 부하, 감소 부하, 시간당 부하로 구분된다.

- 증가 부하 : 자동화재탐지설비, 비상경보설비, 비상방송설비
- 감소 부하 : 엘리베이터, 전등기구
- 시간당 부하 : 제품마다 다른 동작시간을 합산하는 경우에 적용되는 부하

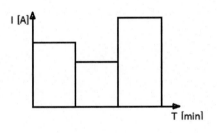

시간당 부하 곡선

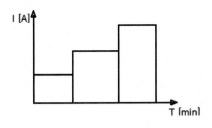

증가 부하 곡선

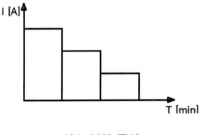

감소 부하 곡선

3-4-1 축전지 용량 공식

■ 단순 부하 :

축전지 용량 $C = \dfrac{1}{L} KI \, [Ah]$

여기서 K : 용량환산 시간계수

　　　　(소방설비의 경우 일반적으로 20분, 11층 이상 지하층. 무창층의 경우는 60분)

　　L : 보수율 0.8

　　I : 소비전류

- **시간당 부하 :**

축전지 용량 $C = \dfrac{1}{L}\left(K_1 I_1 + K_2 I_2 + K_3 I_3 + ...\right)\,[Ah]$

- **증가 부하 :**

축전지 용량 $C = \dfrac{1}{L}\left[\left(K_1 I_1 + K_2\left(I_2 - I_1\right) + K_3\left(I_3 - I_2\right) + ...\right]\,[Ah]$

- **감소 부하 :**

축전지 용량 $C_1 = \dfrac{1}{L}\,K I_1\,[Ah]$

$$C_2 = \dfrac{1}{L}\left[\left(K_1 I_1 + K_2\left(I_2 - I_1\right)\right]\,[Ah]$$

$$C_3 = \dfrac{1}{L}\left[\left(K_1 I_1 + K_2\left(I_2 - I_1\right) + K_3\left(I_3 - I_2\right)\right]\,[Ah]$$

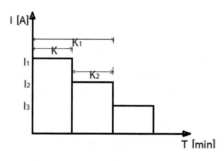

C_1, C_2 계산 그래프

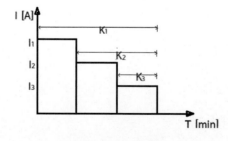

C_3 계산 그래프

예제 그림과 같은 축전지 설비의 부하특성 곡선에서 주어진 조건을 이용하여 필요한 축전지 용량을 구하시오. (단, $K_1 = 1.45$, $K_2 = 0.69$, $K_3 = 0.25$ 이다.)

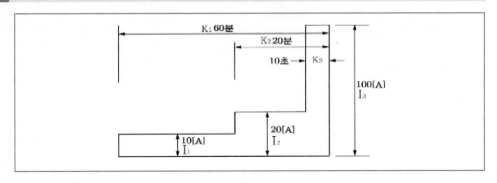

해설 증가 부하 곡선에 대한 축전지 용량 C 산정

축전지 용량 $C = \dfrac{1}{L}\left[(K_1 I_1 + K_2(I_2 - I_1) + K_3(I_3 - I_2) + ...\right] [Ah]$

$\therefore \ C = \dfrac{1}{0.8}\left[(1.45 \times 10 + 0.69(20 - 10) + 0.25(100 - 20)\right] [Ah]$

정답 $= 51.75 [Ah]$

예제 아래 부하의 방전전류 특성곡선에 대한 축전지 용량을 구하시오.
(단, 보수율은 0.8, $I_1 = 80[A]$, $I_2 = 30[A]$, $I_3 = 10[A]$ 이다.)

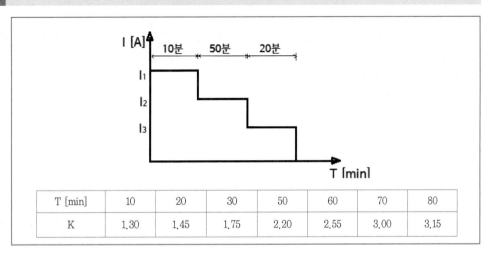

T [min]	10	20	30	50	60	70	80
K	1.30	1.45	1.75	2.20	2.55	3.00	3.15

해설 감소 부하 곡선에 대한 축전지 용량 C 산정

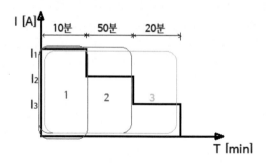

1. $C_1 = \dfrac{1}{L}\, KI_1\ [Ah]$

    $\therefore\ C_1 = \dfrac{1}{0.8} \times 1.30 \times 80\,[A] = 130\ [Ah]$

2. $C_2 = \dfrac{1}{L}\, [(K_1 I_1 + K_2 (I_2 - I_1)]\ [Ah]$

    $\therefore\ C_2 = \dfrac{1}{0.8}\, [(2.55 \times 80_1 + 2.2\,(30 - 80)] = 1178.5\ [Ah]$

3. $C_3 = \dfrac{1}{L}\, [(K_1 I_1 + K_2 (I_2 - I_1) + K_3 (I_3 - I_2)]\ [Ah]$

    $\therefore\ C_3 = \dfrac{1}{0.8}\, [(3,15 \times 80 + 3\,(30 - 80) + 1.45\,(10 - 30)] = 91.25\ [Ah]$

정답 $C_1 = 130\,[Ah]$

01 자동화재탐지설비를 정격전압에서 작동시킬 수 있도록 전력을 공급해주는 장치는?

① 배선
② 자가발전설비
③ 전원
④ 축전지

해설 전원이란? 자동화재탐지설비를 정격전압에서 작동시킬 수 있도록 공급해주는 장치를 말한다.

정답 ③

02 자동화재탐지설비의 전원의 구분으로 옳지 않은 것은?

① 상용전원
② 비상전원
③ 예비전원
④ 전기저장장치(ESS)

해설 자동화재탐지설비의 전원에는 상용전원, 비상전원 및 예비전원으로 구분된다.

정답 ④

03 발전소로부터 공급받아 일상에서 늘 사용되는 전원으로 자동화재탐지설비의 수신기에서는 상용전원으로 교류AC 220[V]를 공급받아 정류기를 통해 직류DC 24[V]로 변환하여 사용하기 위해 공급되는 전원은?

① 상용전원
② 비상전원
③ 예비전원
④ 전기저장장치(ESS)

해설 상용전원이란?

발전소로부터 공급받아 일상에서 늘 사용되는 상용의 전원을 말한다.
자동화재탐지설비의 수신기에서는 상용전원으로 교류AC 220[V]를 공급받아 정류기를 통해 직류DC 24[V]로 변환하여 사용된다.

정답 ①

04 상용전원의 정전 시 비상 전원으로 절환될 때 비상 전원의 정격전압이 투입되기 전까지 또는 전압강하로 상용전원의 용량부족 등과 같은 상황 발생 시 전원을 공급하기 위한 전원은?

① 상용전원　　　　　　　　　　② 비상 전원
③ 예비전원　　　　　　　　　　④ 전기저장장치(ESS)

> **해설** 예비전원이란?
> 상용전원의 정전 시 비상 전원으로 절환될 때 비상 전원의 정격전압이 투입되기 전까지 또는 전압강하로 상용전원의 용량부족 등과 같은 상황 발생 시 예비로 전원을 공급하기 위한 전원을 말한다.

> **정답** ③

05 전원 설치 기준으로 옳지 않은 것은?

① 전원은 전기가 정상적으로 공급되는 축전지설비, 전기저장장치 또는 교류전압의 옥내 간선으로 하고, 전원까지의 배선은 전용으로 할 것.
② 개폐기에는 "자동화재탐지설비용"이라고 표시한 표지를 할 것.
③ 자동화재탐지설비의 비상전원은 감시상태를 60분간 지속한 후 유효하게 20분 이상 경보할 수 있는 축전지설비 또는 전기저장장치를 설치할 것. (다만, 상용전원이 축전지설비인 경우 또는 건전지를 주전원으로 사용하는 무선식 설비인 경우에는 그러하지 아니하다.)
④ 상용전원용의 축전지 용량은 무충전 상태로 감시상태 시 24시간 유지, 작동상태 시 20분(소방 출동)간 지속적으로 작동하지 축전지를 설치할 것.

> **해설** 전원 설치 기준 문제
> – 전원은 전기가 정상적으로 공급되는 축전지설비, 전기저장장치(ESS : 외부 전기에너지를 저장해두었다가 필요할 때 전기를 공급하는 장치) 또는 교류전압의 옥내 간선으로 하고, 전원까지의 배선은 전용으로 할 것.
> – 개폐기에는 "자동화재탐지설비용"이라고 표시한 표지를 할 것.
> – 자동화재탐지설비의 비상전원은 감시상태를 60분간 지속한 후 유효하게 10분 이상 경보할 수 있는 축전지설비(수신기에 내장하는 경우를 포함한다.) 또는 전기저장장치(외부 전기에너지를 저장해 두었다가 필요한 때 전기를 공급하는 장치)를 설치할 것.

(다만, 상용전원이 축전지설비인 경우 또는 건전지를 주전원으로 사용하는 무선식 설비인 경우에는 그러하지 아니하다.)
- 상용전원용의 축전지 용량은 무충전 상태로 감시상태 시 24시간 유지, 작동상태 시 20분(소방 출동)간 지속적으로 작동하지 축전지를 설치할 것.

정답 ③

06 비상 전원 설치 기준으로 옳지 않은 것은?
① 점검이 편리하고 화재 및 침수 등의 재해로 인한 피해 받을 우려가 없는 곳에 설치할 것.
② 상용전원의 정전 시 비상 전원으로 수동 절환할 것.
③ 비상 전원을 실내에 설치할 경우 비상 조명등을 설치할 것.
④ 비상 전원실의 출입구 외부에는 실의 위치와 비상 전원의 종류를 식별할 수 있도록 표지판을 부착할 것.

해설 비상 전원 설치 기준 문제
- 점검이 편리하고 화재 및 침수 등의 재해로 인한 피해 받을 우려가 없는 곳에 설치할 것.
- 상용전원의 정전 시 비상 전원으로 자동 절환할 것.
- 비상 전원의 설치장소는 다른 장소와 방화구획할 것.
- 비상 전원을 실내에 설치할 경우 비상 조명등을 설치할 것.
- 옥내의 비상 전원실에는 옥외로 통하는 급·배기설비를 설치할 것.
- 비상 전원실의 출입구 외부에는 실의 위치와 비상 전원의 종류를 식별할 수 있도록 표지판을 부착할 것.

정답 ②

07 외부 전기에너지를 저장해두었다가 필요할 때 전기를 공급하는 장치는?
① 자가발전장치
② 축전지
③ 비상콘센트
④ 전기저장장치(ESS)

외부 전기에너지를 저장해두었다가 필요할 때 전기를 공급하는 장치

정답 ④

08 예비전원설비 중 다음 기능을 하는 충전 방식의 명칭을 쓰시오.

> 1) 축전지와 부하를 충전기에 병렬로 연결하여 사용하는 방식은?
> 2) 축전지를 과방전 또는 방치 상태에서 기능회복을 위하여 사용하는 충전방식은?
> 3) 전압을 균일하게 하는 충전하는 방식은?

해설 충전방식

1) 부동충전방식은? 축전지와 부하를 충전기에 병렬로 연결하여 사용하는 방식

2) 회복충전방식은? 축전지를 과방전 또는 방치 상태에서 기능회복을 위하여 사용하는 충전방식

3) 균등충전방식은? 전압을 균일하게 하는 충전하는 방식

정답 1) 부동충전방식, 2) 회복충전방식, 3) 균등충전방식

09 예비전원으로 시설되는 발전기와 부하 사이의 전로에서 발전기 가까이에 설치하는 기기가 아닌 것은?

① 개폐기   ② 과전류차단기
③ 전압·전류계   ④ 배선용차단기

해설 예비전원으로 시설되는 발전기와 부하 사이의 전로에서 발전기 가까이에 설치하는 기기

- 개폐기
- 과전류차단기
- 전압계
- 전류계

정답 ④

09 배선

① 개요

소방 설비의 배선에는 간선(내화배선, 내열배선)과 시공방식(송배선식, 교차회로방식)을 다룬다.

② 정의

배선이란? 소방시설의 각각의 경보 및 소화 장치에 전력을 공급하기 위한 전기 선로인 전로를 말한다.

③ 종류

소방 배선의 종류에는 내화배선과 내열배선으로 구분한다.
★ 내화전선과 내열전선의 차이점은 내화층의 유무이다.

3-1 내화배선

① 내화배선(FR-8)이란? 불에 잘 연소되지 않고 견디는 배선을 말한다.
② 내화전선의 종류
　　재질은 무기질 불연재로 절연되며
- 전선 : FR-8(Fire Protected Wire)
- 케이블 : MI(Mineral Insulated)

③ 적용범위 :

- 600[V] 이하의 소방설비의 비상전원 및 조작 회로에 사용

- 도체의 연속최고 온도 $75\,^{\circ}C$

- 내화전선 사용 시 별도의 내화보호를 하지 않고 케이블 공사방법으로 노출할 수 있다.

④ 내화배선구간 :

- 전원공급회로 : 전원공급장치의 차단기 2차측에서 수신기까지 구간에 내화배선 사용

- 중계기 전원공급회로 : 소방부하용 차단기 2차측에서 중계기까지 구간에 내화배선 사용

⑤ 공사방법 :

- ☆ 금속관·2종 금속제 가요전선관 또는 합성수지관에 수납하여 내화구조로 된 벽 또는 바닥 등으로부터 25[mm] 이상의 깊이로 매설할 것.

- 배선이 내화성능을 갖는 샤프트·피트·덕트 등에 설치하는 경우.

- 배선전용실 또는 배선용 샤프트·피트·덕트 등에 다른 설비의 배선이 있는 경우 15[cm] 이상 이격시키거나 소화설비의 배선과 이웃하는 다른 설비의 배선사이에 배선지름(가장 큰 배선 기준)의 1.5배 이상의 높이의 불연성 격벽을 설치하는 경우.

내화전선(FR-8)

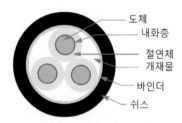

내화 케이블

3-2 내열배선

① 내열배선(FR-3)이란? IV전선을 열적으로 보완하여 열에 잘 견디는 배선을 말한다.

② 내열전선의 종류

재질은 내열성 가스제를 사용한 염화비닐수지를 컴파운드로 절연

- 600[V] 2종 비닐절연전선(HIV)
- 가교 폴리에틸렌 절연 비닐 외장케이블(CV)
- 클로로프렌 외장 케이블

③ 적용범위 :

- 600[V] 이하의 전기기기나 전기공작물의 배선에 사용
- 60[V] 이하(소세력회로)의 소방설비의 조작회로에 사용

④ 배열배선구간 :

- 수신기와 감지기 사이에 내열배선 사용
- 수신기와 발신기 사이에 내열배선 사용
- 수신기와 중계기 사이에 내열배선 사용
- 수신기와 음향 및 시각경보 장치 사이에 내열배선 사용

  (다만, 감지기와 감지기 사이에는 일반배선도 사용가능)

⑤ 공사방법 :

금속관. 금속제 가용전선관. 금속덕트 또는 케이블(불연성덕트에 설치 시) 공사방법에 따른다.

- 배선이 내화성능을 갖는 샤프트. 피트. 덕트 등에 설치하는 경우.
- 배선전용실 또는 배선용 샤프트. 피트. 덕트 등에 다른 설비의 배선이 있는 경우 15[cm] 이상 이격시키거나 소화설비의 배선과 이웃하는 다른 설비의 배선사이에 배선지름(가장 큰 배선 기준)의 1.5배 이상의 높이의 불연성 격벽을 설치하는 경우.

내열전선(FR-3)

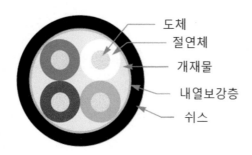

내열 케이블

☆ 일반적으로 감지기의 배선은 저독성 난연폴리올레핀 절연전선(HFIX)을 금속제 가요전선관에 넣어서 내열배선으로 시공한다.

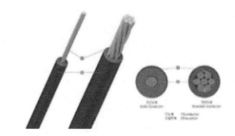

저독성 난연폴리올레핀 절연전선(450/750[V] HFIX)

금속제 가요전선관

④ 설치 기준

4-1 배선 설치 기준

1) 전원회로용 배선 : 내화배선

2) 그 밖의 배선 : 내화배선 또는 내열배선

　(단, 감지기와 감지기 간 또는 감지기와 수신기 간의 감지기회로 배선은 제외)

3) 감지기회로 배선 설치 기준

① 통신 배선

- 아날로그식 감지기, 다신호식 감지기나 R형 수신기용으로 사용되는 통신 배선은 전자파 방해를 받지 않는 쉴드(Shield)선 등을 사용해야한다.
- 광케이블의 경우에는 전자파 방해를 받지 않고 내열성능이 있는 경우 사용할 수 있다. (다만, 전자파 방해를 받지 않는 방식의 경우에는 그러하지 아니하다.)

② 일반 배선

- 가목 외의 일반 배선을 사용하는 경우에는 내화배선 또는 내열배선을 사용할 것.

4) 감지기회로의 도통시험을 위한 종단저항 설치 기준

① 점검 및 관리가 쉬운 장소에 설치할 것.

② 전용함의 설치 높이는 바닥으로부터 1.5[m] 이내에 설치할 것.

③ 종단저항은 대부분 발신기에 설치하나, 감지기 회로의 끝부분인 종단감지기에 설치할 경우에는 해당 기판 및 감지기 외부 등에 별도의 표시해서 구분할 것.

예제	쉴드선에 대하여 설명하시오.

> 1) 신호선을 쉴드선으로 사용하는 목적은?
> 2) 신호선을 꼬아서 사용하는 목적은?
> 3) 쉴드선을 접지하는 목적은?

해설 쉴드선

1) 신호선을 쉴드선으로 사용하는 목적 : 전자파로부터 차폐 효과

2) 신호선을 꼬아서 사용하는 목적 : 유도되는 자속을 상호 상쇄시켜 감소

3) 쉴드선을 접지하는 목적 : 전자파 간선에 의해 축적된 전기를 대지로 방출시키기 위함

4-2 회로 시공방식

4-2-1 송배선식

송배선식이란? 배선 도중에 분기하지 않고 감지기간 직렬로 접속해서 송전 및 배전하는 방식이다. 감지기 회로의 도통시험을 용이하게 하기 위해 배선 도중에 분기하지 않는 방식

① 감지기 사이의 회로 배선은 송배선식으로 할 것.

② 송배선식의 말단에 도통시험을 위해 종단저항을 설치한다.

③ 자동화재탐지설비, 제연설비에 사용된다.

4-2-2 교차 회로 방식

교차 회로 방식이란? 하나의 구역 내에 2개 이상의 감지기를 설치하여 2개 이상의 감지기가 동시에 탐지되는 경우 소화설비가 작동되는 방식을 말한다.

① 2개의 감지기 중 하나만 탐지되는 경우에는 음향장치가 경보되고, 2개 모두 탐지되는 경우에 소화설비가 작동된다.

② 스프링클러, 이산화탄소, 할론, 분말, 할로겐화합물 및 불활성기체 등의 소화설비와 연결된 감지기의 경우 비보(비화재)에 의한 오작동 발생의 우려가 있는 소방설비에서는 오동작 방지를 위해 교차 회로 방식을 사용한다.

예제 감지기 사이의 회로 배선방식은?

해설 감지기 사이의 회로 배선은 송배선식으로 할 것.

정답 송배선식

예제 자동화재탐지설비의 전원공급에 사용되는 배선은?

① 내열배선   ② 일반배선
③ 내화배선   ④ 내열배선 또는 내화배선

해설 자동화재탐지설비의 전원회로용 배선은 내화배선을 사용한다.

정답 ③

예제 내화배선에 사용되는 전선관의 종류를 쓰시오.

해설 내화배선의 공사방법
금속관·2종 금속제 가요전선관 또는 합성수지관에 수납하여 내화구조로 된 벽 또는 바닥 등으로부터 25[mm] 이상의 깊이로 매설할 것.

정답 금속관·2종 금속제 가요전선관, 합성수지관

예제 하나의 구역 내에 2개 이상의 감지기를 설치하여 2개 이상의 감지기가 동시에 탐지되는 경우 소화설비가 작동되는 배선방식은?

해설 교차회로방식의 정의
교차회로방식이란? 하나의 구역 내에 2개 이상의 감지기를 설치하여 2개 이상의 감지기가 동시에 탐지되는 경우 소화설비가 작동되는 방식을 말한다.

정답 교차회로방식

예제 교차 회로 방식을 적용하는 소화설비의 종류를 쓰시오.

해설 교차 회로 방식을 적용하는 소화설비

스프링클러소화설비, 이산화탄소소화설비, 할론소화설비, 분말소화설비, 할로겐화합물 및 불활성기체소화설비 등의 소화설비는 교차 회로 방식을 사용한다.

정답 스프링클러소화설비, 이산화탄소소화설비, 할론소화설비, 분말소화설비, 할로겐화합물 및 불활성기체소화설비

4-3 전선 성능

4-3-1 절연저항

감지기회로 및 부속회로의 전로와 대지 사이 및 배선 상호 간의 절연저항은 1개 경계구역마다 직류DC 250[V]의 절연저항계로 측정한 절연저항은 0.1[$M\Omega$] 이상일 것.

★ 자동화재탐지설비의 배선은 다른 전선과 별도의 관·덕트(절연효력이 있는 것으로 구획한 때에는 그 구획된 부분은 별개의 덕트로 본다)·몰드 또는 풀박스 등에 설치할 것.
(다만, 60V 미만의 약 전류회로에 사용하는 전선으로서 각각의 전압이 같을 때에는 예외)

★ 공통선과 경계구역의 수
P형 및 GP형 수신기의 감지기회로의 배선에서 하나의 공통선에 접속할 수 있는 경계구역은 7개 이하로 할 것.

★ 전로저항
8. 자동화재탐지설비의 감지기회로의 전로저항은 50[Ω] 이하가 되도록 하여야 하며, 수신기의 각 회로별 종단에 설치되는 감지기에 접속되는 배선의 전압은 감지기 정격전압의 80% 이상일 것.

□ 배선의 점검표

- 종단저항 설치 장소
- 종단저항이 종단감지기에 설치 시 표지 부착여부
- 감지기회로 송배전식 여부
- P형 및 GP형 수신기의 경우 하나의 공통선에 경계구역의 수 적정여부
- 수신기 도통시험 회로 정상여부

□ 사용 전선의 종류

1. 450/750V 저독성 난연 가교 폴리올레핀 절연 전선
2. 0.6/1KV 가교 폴리에틸렌 절연 저독성 난연 폴리올레핀 시스 전력 케이블
3. 6/10kV 가교 폴리에틸렌 절연 저독성 난연 폴리올레핀 시스 전력용 케이블
4. 가교 폴리에틸렌 절연 비닐시스 트레이용 난연 전력 케이블
5. 0.6/1kV EP 고무절연 클로로프렌 시스 케이블
6. 300/500V 내열성 실리콘 고무 절연전선(180℃)
7. 내열성 에틸렌-비닐아세테이트 고무 절연 케이블
8. 버스덕트(Bus Duct)

예제 **송배선식과 교차회로방식으로 배선하는 목적을 각각 쓰시오.**

> 1) 송배선식이 목적 :
> 2) 교차회로방식의 목적 :

해설 배선방식

1) 송배선식 : 미경계부분 없이 감지기 회로의 도통시험을 용이하게 하기 위하여
2) 교차회로방식 : 감지기 오동작을 방지하기 위하여

예제 종단저항을 설치하는 목적은?

해설 종단저항의 목적

감지기 회로의 도통시험을 하기 위해

□ **자탐회로 배선의 종류 및 기능**

① 자동화재탐지설비, 종합방재설비의 수신반의 전원은 교류AC 220[V]/직류DC 24[V]이다.

② 공통(COM) :
- 선으로 모든 회로의 공통선(등결선의 경우 등공통선)이 된다.
- 기본 2가닥이다.

③ 표시등(Pilot Lamp) : 수신반에서 직류DC 24[V]전압이 상시 공급되는 선
- 소화전함의 속보셋트나 전용속보셋트의 전면에 부착되어 발신기의 위치를 시각적으로 나타내는 위치표시등에 연결됨.

④ 회로($L_1 \sim L_n$) : 감지기가 연결되어 회로릴레이의 $(-)$측 선을 개폐함.
- 회로릴레이가 작동되면 출력접점에 의하여 화재표시 및 화재발보

⑤ 지구경종(Local Bell) : 소전함의 속보셋트나 전용속보셋트에 설치되어 있는 지구경종과 연결되는 선.
- 감지기 및 발신기에 의해 화재신호가 탐지되면 수신반에서 직류DC 24[V]를 출력하여 경종을 작동.

⑥ 발신기(Message Switch) : 화재 시 감지기 등이 작동되기 전에 속보를 위한 목적의 누름버튼스위치에 연결되는 선
- 소화전함의 속보셋트나 전용속보셋트에 설치됨
- 발신기 푸시버튼을 누르면 수신반 내부의 발신기릴레이 및 해당 회로릴레이가 함께 작동되어 화재가 발보되고, 수신반의 전면에 발신기 눌림표시등이 점등되며 발신기 자체의 응답용 LED램프도 점등됨.

⑦ 전화(TEL) : 화재진압 시 및 보수 시 소화전-소화전, 소화전-수신반과의 통신을 위한 선
- 통화용 송수화기를 꽂는 단자가 발신기 가운데 부착되어 있다.
- 로컬에서 송수화기를 꽂으면 수신반에 부저가 울려 송수화기가 꽂혀 있음을 알 수가 있음. 이 때 수신반에서 송수화기를 꽂거나 들으면 부저는 정지됨.

★ 자동 화재탐지설비의 배선 가닥수

□ 자동 화재탐지설비 회로의 1개 경계구역(1 Zone)의 기본 배선 :

- 6 가닥 : 공통선(2가닥), 표시등선, 회로선, 지구경종선, 응답(발신기)선으로 총 6가닥
  ☆ 전화선은 삭제됨
- 회로선과 경종선은 경계구역 추가 시 1회로 당 각 1선씩으로 2가닥이 추가됨
- 공통선(2가닥), 표시등선(1가닥), 응답(발신기)선(1가닥)은 모든 경계구역에 공동으로 연결됨

□ 하나의 공통선은 7개 경계구역까지 포설할 수 있다.

송배선식과 교차회로방식 비교

구분	송배선방식	교차회로방식
목적	• 감지기회로의 도통시험	• 오동작 방지
정의	• 감지기회로의 도통시험을 위해 배선 도중에 분기하지 아니하는 방식	• 하나의 담당구역 내에 2개 이상의 감지기를 설치하여 이웃하는 2개 이상의 감지기가 동시에 감지될 때 소화설비가 작동되는 방식
적용 설비	• 자동화재탐지설비 • 제연설비	• 이산화탄소 소화설비 • 분말 소화설비 • 할론 소화설비 • 할로겐혼합물 및 불활성기체 • 준비작동식 스프링클러설비 • 일제살수식 스프링쿨러설비
가닥수	■ 발신기와 감지기 사이 – 루프 : 2 가닥 – 나머지 : 4 가닥 ■ 자동화재탐지설비 : • 발신기와 수신기 사이 : 6가닥 　[지구선, 지구공통선, 응답(발신기)선, 경종선, 표시등, 경종표시공통선]	■ 발신기와 감지기 사이 • 루프, 말단 : 4 가닥 • 나머지 : 8 가닥 ■ 할론 소화설비 : • SVP와 수신기 사이 : 8 가닥 　[전원+, 전원−, 방출지연스위치, (감지기 A, B, 기동스위치, 방출표시등, 사이렌)] ■ 준비작동식 스프링클러설비 : • SVP와 수신기 사이 : 8 가닥 　[전원+, 전원−, (감지기A, B, 사이렌, 솔레노이드밸브, 압력스위치, 댐퍼스위치)] • 프리액션밸브와 SVP 사이 : 　4 가닥(솔레노이드밸브, 압력스위치, 댐퍼스위치, 공통선)

★ 우선경보방식 가닥수

- 층수가 11층(공동주택은 16층) 이상에 대한 경보 대상은 발화층 및 그 직상 4개층으로 개정(다만, 화재로 인하여 하나의 층에 지구음향장치 배선이 단락되어도 다른 층의 화재경보에 지장이 없도록 각 층 배선 상에 유효한 조치를 할 것.)
- 기존의 7 가닥에서 전화선이 삭제되어 6가닥으로 다음과 같다.
  - 지구선, 지구 공통선, 응답선(발신기선), 경종선, 표시등선, 경종표시등 공통선으로 각 1가닥씩으로 합이 6가닥이 된다.

☆ 경종선 구분

- 일제경보방식 : 경종선 전층 1가닥 사용
- 일제경보방식 : 경종선 지하 1가닥, 지상은 층별마다 1가닥씩 추가
- 동별구분경보 : 경종선 동별 1가닥(우선경보방식이 기본임)

예제 아래 옥내소화전 내장형 발신기 세트의 계통도에 대한 전선의 가닥수를 산정하시오.
(단, 화재로 인하여 하나의 층에 지구음향장치 배선이 단락되어도 다른 층의 화재경보에 지장이 없도록 각 층 배선 상에 유효한 조치를 하였다.)

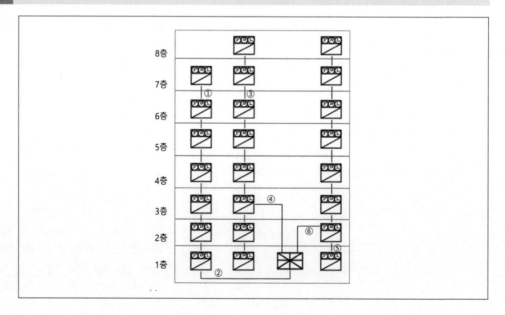

해설 층수가 11층 미만이므로 일제경보방식을 적용해야 한다.

- 옥내소화전 내장형인 발신기 세트이므로 기동확인표시등 2가닥이 추가된다.
- 발신기 기본 가닥수 : 지구선, 지구공통선, 응답선(발신기선), 경종선, 표시등선, 경종표시등공통선 각 1가닥씩으로 기본 6가닥이다.

정답 ① 지구선 1, 지구공통선 1, 응답선(발신기선) 1, 경종선 1, 표시등선 1, 경종표시등공통선 1, 기동확인표시등 (+, −) 2 따라서 합이 8가닥이다.
② 지구선 7, 지구공통선 1, 응답선(발신기선) 1, 경종선 1, 표시등선 1, 경종표시등공통선 1, 기동확인표시등 (+, −) 2 따라서 합이 14가닥이다.
③ 지구선 2, 지구공통선 1, 응답선(발신기선) 1, 경종선 1, 표시등선 1, 경종표시등공통선 1, 기동확인표시등 (+, −) 2 따라서 합이 9가닥이다.
④ 지구선 8, 지구공통선 2, 응답선(발신기선) 1, 경종선 1, 표시등선 1, 경종표시등공통선 1, 기동확인표시등(+, −) 2 따라서 합이 16가닥이다.
⑤ 지구선 1, 지구공통선 1, 응답선(발신기선) 1, 경종선 1, 표시등선 1, 경종표시등공통선 1, 기동확인표시등 (+, −) 2 따라서 합이 8가닥이다.
⑥ 지구선 8, 지구공통선 2, 응답선(발신기선) 1, 경종선 1, 표시등선 1, 경종표시등공통선 1, 기동확인표시등(+, −) 2 따라서 합이 16가닥이다.

예제 아래 자동화재탐지설비의 평면도에 대한 가닥수를 산정하시오.

계통도는 각층 별에 대한 도면이지만 평면도는 하나의 층에 대한 도면이다.

해설 평면도는 하나의 층에 대한 도면이다.

- 감지기 회로는 송배선방식으로 루프만 2가닥이고 나머지는 4가닥으로 접속된다.

정답 ⑥ 4 가닥(감지기로 들어가는 전선 2가닥과 감지기에서 돌아 나오는 전선 2가닥)
③＝④＝⑤ 2 가닥(루프 : 감지기를 거져 돌아 나오는 전선 2가닥)
② 4 가닥
① 6 가닥(지구선 1, 지구공통선 1, 응답선 1, 경종선 1, 표시등 1, 경종표시등공통선 1)

> **예제** 아래 자동화재탐지설비와 스프링클러 프리액션밸브의 계통도에 대한 가닥수를 산정하시오.
> (단, 프리액션밸브용 감지기공통선과 전원공통선은 분리하고, 압력스위치, 댐퍼스위치, 솔레노이드밸브용 공통선은 1가닥을 사용한다.)

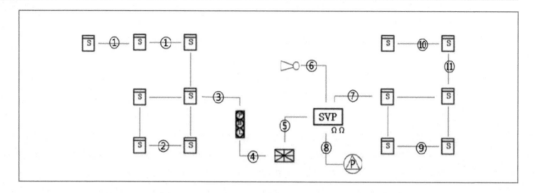

> **해설** 기본 가닥수에서 감지기공통선을 따로 분리시킨 문제로 실수주의
> • 솔레노이드밸브 : 밸브 기동
> • 압력스위치 : 밸브 개방 확인
> • 댐퍼스위치 : 밸브 주의

> **정답**
> □ 자동화재탐지설비
> ①＝③ 4가닥(송배선방식의 루프 : 2가닥, 나머진 : 4가닥)
> ② 2가닥(송배선방식의 루프 : 2가닥, 나머진 : 4가닥)
> ④ 6가닥(지구선 1, 지구공통선 1, 응답선 1, 경종선 1, 표시등 1, 경종표시등공통선 1)
> □ 스프링클러 프리액션밸브
> ⑤ 9가닥[전원＋, 전원－, 감지기공통선, (감지기A, 감지기B, 사이렌, 솔레노이드밸브, 압력스위치, 댐퍼스위치)]
> ⑥ 2가닥(사이렌)
> ⑦＝⑪ 8가닥(교차회로방식의 루프＝말단 : 4가닥, 나머지 : 8가닥)
> ⑧ 4가닥(프리액션밸브 : 솔레노이드밸브, 압력스위치, 댐퍼스위치, 공통선)
> ⑨＝⑩ 4가닥(교차회로방식의 루프＝말단 : 4가닥, 나머지 : 8가닥)

★ 금속관공사 부품

부품명	형태	기능
부싱 (Bushing)		전선의 절연피복을 보호하기 위해 금속관 끝부분에 사용
로크너트 (Lock Nut)		금속관과 박스를 접속할 때 사용
새들 (Saddle)		관을 고정시키기 위해 사용
링리듀셔 (Ring Reduce)		금속관을 아울렛박스에 고정하기 어려울 때 보조로 사용
커플링 (Coupling)		고정되지 않은 금속 전선관을 상호간 접속시키기 위해 사용
유니온 커플링 (Coupling)		고정된 금속 전선관을 상호간 접속시키기 위해 사용
노멀 밴드 (Normal Band)		매입 배관 공사에서 관을 직각으로 굽히는 곳에 사용
유니버셜 엘보 (Universal Elbow)		노출 배관 공사에서 관을 직각으로 굽히는 곳에 사용

☆ 기사 및 산업기사 실기 문제에 자주 출제됨

01 자동화재탐지설비의 수신반의 전원은?

① 교류AC 220[V]를 직류DC 22[V]로 정류

② 교류AC 220[V]를 직류DC 24[V]로 정류

③ 교류AC 380[V]를 직류DC 22[V]로 정류

④ 교류AC 380[V]를 직류DC 24[V]로 정류

해설 자탐의 전원

자동화재탐지설비, 종합방재설비의 수신반의 전원은 교류AC 220[V]/직류DC 24[V]이다.

정답 ②

02 자동화재탐지설비 회로의 1개 경계구역(1 Zone)당 기본 배선의 가닥수?

① 6가닥 　　　　　　　　　　　② 7가닥

③ 8가닥 　　　　　　　　　　　④ 9가닥

해설 자동화재탐지설비의 배선 가닥수

공통선(2가닥), 표시등선(1가닥), 회로선(1가닥), 지구경종선(1가닥), 응답(발신기)선(1가닥)으로 총 6가닥

☆ 전화선은 삭제됨

정답 ①

03 자동화재탐지설비의 감지기회로 배선에서 하나의 공통선에 경계구역을 몇 개 이하까지 포설할 수 있는가?

① 6 　　　　　　　　　　　　② 7

③ 8 　　　　　　　　　　　　④ 9

해설 1개 공통선에 포설 가능한 경계구역의 수

P형 및 GP형 수신기의 감지기회로의 배선에서 하나의 공통선에 접속할 수 있는 경계구역은 7개 이하로 할 것.

정답 ②

04 내화배선의 공사 시 관에 수납하여 내화구조로 된 벽 또는 바닥 등으로부터 매설 깊이[mm]는?

① 15[mm]　　　　　　　　　　　② 20[mm]

③ 25[mm]　　　　　　　　　　　④ 30[mm]

> **해설** 내화배선의 매설 깊이
>
> 금속관·2종 금속제 가요전선관 또는 합성수지관에 수납하여 내화구조로 된 벽 또는 바닥 등
> 으로부터 25[mm] 이상의 깊이로 매설할 것.

> **정답** ③

05 내화배선에 사용되는 전선관의 종류가 아닌 것은?

① 합성수지　　　　　　　　　　② 금속관

③ 2종 금속제 가요전선관　　　　④ 2종 합성수지제

> **해설** 내화배선의 공사방법
>
> 금속관·2종 금속제 가요전선관 또는 합성수지관에 수납하여 내화구조로 된 벽 또는 바닥 등
> 으로부터 25[mm] 이상의 깊이로 매설할 것.

> **정답** ④

06 전자파를 차폐시키기 위해 사용하는 전선은?

① 동축케이블　　　　　　　　　② 광섬유

③ 비닐절연전선　　　　　　　　④ 쉴드선

> **해설** 쉴드선 기능
>
> 전자파로부터 차폐 효과

> **정답** ④

03

경보설비 Ⅱ
자동화재탐지설비 외

01 자동화재속보설비

1 개요

자동화재속보설비의 속보기란? 수동 작동 및 자동화재탐지설비 수신기의 화재신호와 연동으로 작동하여 관계인에게 화재발생을 경보함과 동시에 소방관서에 자동적으로 통신망을 통한 해당 화재발생 및 해당 소방대상물의 위치 등을 음성으로 통보하여 주는 것을 말한다.

여기서 "통신망"이란 유선 또는 무선, 유.무선 겸용 방식을 구성하여 음성 또는 데이터 등을 전송할 수 있는 집합체를 말한다.

2 정의

화재속보설비의 정의 : 화재발생 시 화재신호를 경보함과 동시에 자동 또는 수동으로 화재의 발생을 해당 소방관서에 알리는 설비를 말한다.

3 작동순서

감지된 화재신호를 수신기에 수신하여 오보방지를 위해 5~7초 지연 후에도 화재신호가 계속 수신되면 상용전화를 차단하고 119로 자동절환되어 녹음테이프로 화재를 통보한다.

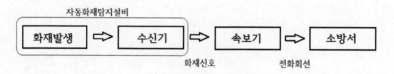

자동화재속보설비의 진행도

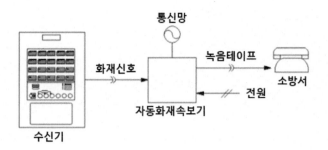

자동화재속보설비

4 속보기 종류

4-1 A형 화재속보기

① P형 및 GP형 수신기, R형 및 GR형 수신기 또는 복합형 수신기로부터 발하는 화재신호를 수신하여 20초 이내에 소방대상물의 위치를 3회 이상 소방관서에 자동으로 통보해주는 속보기이다.
② 지구등이 없다.

속보기

4-2 B형 화재속보기

① P형 수신기＋A형 화재속보기, R형 수신기＋A형 화재속보기로 수신기와 속보기를 통합한 형으로 수신된 화재신호를 수신하여 20초 이내에 소방대상물의 위치를 3회 이상 소방관서에 자동으로 통보해주는 속보기이다.

② 단락 및 단선 시험장치, 지구등이 있다.

5. 설치 기준

5-1 설치 기준

① 자동화재탐지설비와 연동으로 작동하여 자동적으로 화재신호를 소방관서에 전달되는 것으로 할 것.

② 속보기는 소방관서에 통신망으로 통보하도록 하며, 데이터 또는 코드전송방식을 부가적으로 설치할 수 있다.

③ 누름 스위치는 바닥으로부터 0.8[m] 이상~1.5[m] 이하의 높이로 설치한다.

④ 문화재에 설치하는 자동화재속보설비는 제1호의 기준에도 불구하고 속보기에 감지기를 직접 연결하는 방식(자동화재탐지설비 한 개의 경계구역에 한한다)으로 할 수 있다.

⑤ 속보기의 외함 두께
- 강판 외함 : 1.2 [mm] 이상
- 합성수지 외함 : 3 [mm] 이상

5-2 설치 대상

① 노유자 생활시설

② 노유자 시설로서 바닥면적이 500[㎡] 이상인 층이 있는 것

③ 수련시설(숙박시설이 있는 것)로서 바닥면적이 500[㎡] 이상인 층이 있는 것

④ 문화재 보물 또는 국보로 지정된 목조건축물

⑤ 근린생활시설 중 다음의 어느 하나에 해당하는 시설

- 의원, 치과의원 및 한의원으로서 입원실이 있는 시설
- 조산원 및 산후조리원

⑥ 의료시설 중 다음의 어느 하나에 해당하는 것

- 종합병원, 병원, 치과병원, 한방병원 및 요양병원
- 정신병원 및 의료재활시설로 사용되는 바닥면적이 500[㎡] 이상인 층이 있는 것

⑦ 판매시설 중 전통시장

⑧ 위의 모두에 해당하지 않는 특정소방대상물 중 층수가 30층 이상인 것

설치 대상	설치 기준
• 노유자 생활시설 • 근린생활시설 중 하나에 해당 　– 의원, 치과, 한의원(입원실 보유) 　– 조산원 및 산후조리원 • 병원(의료재활시설 제외) • 전통시장 • 문화재(보물, 국보 목조건축물)	자동화재속보설비 의무 설치
• 노유자 시설 • 수련시설(숙박) • 정신병원 및 의료재활시설	바닥면적 $500[m^2]$ 이상인 층 보유
• 위 해당하지 않는 소방대상물 중 모두	30[층] 이상

▫ 설치 대상 제외

　방재실 등 화재 수신기가 설치된 장소에 24시간 화재를 감시할 수 있는 사람이 근무하고 있는 경우에는 자동 화재속보설비를 설치하지 않을 수 있다.

⑥ 속보기 기능

6-1 특징

① 무인, 야간에도 자동으로 화재 발생의 통보가 가능함

② 녹음테이프에 주소, 상호, 전화번호를 미리 음성으로 기록해 둠

③ 일반전화와 접속하여 전화선을 통하여 소방서에 연결됨

④ 화재발생시 일반전화를 정지시키고 우선적으로 119에 속보를 수행함

⑤ 속보기의 송수화기로 소방관서와 직접 통화 가능함

⑥ 전화선 연결 시 옥내 통신기구 1차 측에 연결함

⑦ 대형건물도 1대로 대응 가능함

6-2 기능

① 작동신호를 수신하거나 수동으로 동작시키는 경우 20초 이내에 소방관서에 자동적으로 신호를 발하여 알리고 3회 이상 속보할 수 있어야 한다.

② 속보기는 연동 또는 수동 작동에 의한 다이얼링 후 소방관서와 전화접속이 이루어지지 않는 경우에는

- 최초 다이얼링을 포함하여 10회 이상 반복적으로 접속을 위한 다이얼링
- 이 경우 매회 다이얼링 완료 후 호출은 30초 이상 지속

③ 화재신호를 수신하거나 속보기를 수동으로 동작시키는 경우 자동적으로 적색 화재표시등이 점등되고 음향장치로 화재를 경보하여야 하며 화재표시 및 경보는 수동으로 복구 및 정지시키지 않는 한 지속되어야 한다.

④ 연동 또는 수동으로 소방관서에 화재발생 음성정보를 속보중인 경우에도 송수화장치를 이용한 통화가 우선적으로 가능하여야 한다.

⑤ 속보기의 송수화장치가 정상위치가 아닌 경우에도 연동 또는 수동으로 속보가 가능하여야 한다.

⑥ 음성으로 통보되는 속보내용을 통하여 해당 소방대상물의 위치, 화재발생 및 속보기에 의한 신고임을 확인할 수 있어야 한다.

⑦ 속보기는 음성속보방식 외에 데이터 또는 코드전송방식 등을 이용한 속보기능을 부가로 설치할 수 있다.

6-3 전원 기능

① 예비전원은 감시상태를 60분간 지속한 후 10분 이상 동작(화재속보 후 화재표시 및 경보를 10분간 유지하는 것을 말한다)이 지속될 수 있는 용량이어야 한다.

② 예비전원은 자동적으로 충전되어야 하며 자동과충전방지장치가 있어야 한다.

③ 예비전원을 병렬로 접속하는 경우에는 역충전 방지 등의 조치를 하여야 한다.

④ 주전원이 정지한 경우에는 자동적으로 예비전원으로 전환되고, 주전원이 정상상태로 복귀한 경우에는 자동적으로 예비전원에서 주전원으로 전환되어야 한다.

6-4 성능 시험

① 전원전압 변동시험 : 속보기는 전원에 정격전압의 80% 및 120%의 전압(±20[%])을 인가하는 경우 정상적인 기능을 발휘하여야 한다.

② 반복시험 : 속보기는 정격전압에서 1,000회의 화재작동을 반복 실시하는 경우 그 구조 또는 기능에 이상이 생기지 않아야 한다.

③ 절연저항시험 :

- 직류 500[V]의 절연저항계로
  - 절연된 충전부와 외함간의 절연저항 : 측정한 값이 5[$M\Omega$] 이상
  - 절연된 교류입력측과 외함간에는 절연저항 : 측정한 값이 20[$M\Omega$] 이상
  - 절연된 선로간의 절연저항 : 측정한 값이 20[$M\Omega$] 이상

④ 주위온도시험 : 속보기는 섭씨(-10±2)° 및 섭씨(50±2)°에서 각각 12시간 이상 방치한 후 1시간 이상 실온에서 방치한 다음 기능시험을 실시하는 경우 기능에 이상이 없어야 한다.

⑤ 절연내력시험 : 60[Hz]의 정현파에 가까운 실효전압 500[V]의 교류전압을 가하는 시험에서 1분간 견뎌야한다.

6-5 속보기의 녹음 및 테스트

① 속보기 녹음 :

속보기의 "녹음" 버튼을 누른 후 녹음을 한다.

[화재속보기 녹음 예문]

화재가 발생했습니다.
화재가 발생했습니다.
여기는 **시 **구 **동 ***-***번지
상호***입니다.
전화번호는 ***-****
신속히 출동하여 주십시오.

② 녹음 테스트 :

[속보시험] 버튼을 누른 후 회로를 눌러 선택하고, 회로시험 버튼을 눌러준다.

③ 작동 과정 :

수신기에 화재램프 ON, 지구경종이 울리고, 화재속보기 ON, 자동으로 소방서에 전화를 걸어 화재신호를 보낸다.

01 화재 발생 시 화재 발생을 경보함과 동시에 자동 또는 수동으로 화재의 발생을 해당 소방관서에 알리는 설비는?

① 비상경보설비   ② 자동화재속보설비

③ 비상방송설비   ④ 자동화재탐지설비

해설 자동화재속보설비의 정의

화재 발생 시 화재신호를 경보함과 동시에 자동 또는 수동으로 화재의 발생을 해당 소방관서에 알리는 설비를 말한다.

정답 ②

02 속보기는 연동 또는 수동 작동에 의한 다이얼링 후 소방관서와 전화 접속이 이루어지지 않는 경우에는 최초 다이얼링을 포함하여 몇 회 이상 반복적으로 접속을 위한 다이얼링이 이루어져야 하는가?

① 3회   ② 6회

③ 10회   ④ 20회

해설 속보기의 기능

속보기는 연동 또는 수동 작동에 의한 다이얼링 후 소방관서와 전화 접속이 이루어지지 않는 경우

• 최초 다이얼링을 포함하여 10회 이상 반복적으로 접속을 위한 다이얼링

정답 ③

03 자동화재속보설비의 전원 기능으로 옳지 않은 것은?

① 예비전원은 감시상태를 60분간 지속한 후 10분 이상 동작이 지속될 수 있는 용량

② 예비전원은 자동적으로 충전되어야 하며 자동과충전방지장치가 있어야 한다.

③ 예비전원을 직렬로 접속하는 경우에는 역충전 방지 등의 조치를 하여야 한다.

④ 자동절환장치의 기능이 있어야 한다.

해설 자동화재속보설비의 전원기능

① 예비전원은 감시상태를 60분간 지속한 후 10분 이상 동작(화재속보 후 화재표시 및 경보를 10분간 유지)이 지속될 수 있는 용량이어야 한다.

② 예비전원은 자동적으로 충전되어야 하며 자동과충전방지장치가 있어야 한다.

③ 예비전원을 병렬로 접속하는 경우에는 역충전 방지 등의 조치를 하여야 한다.

④ 주전원이 정지한 경우에는 자동적으로 예비전원으로 전환되고, 주전원이 정상상태로 복귀한 경우에는 자동적으로 예비전원에서 주전원으로 전환되어야 한다.

정답 ③

04 **자동화재속보설비의 성능 시험에 대한 기준으로 옳지 않은 것은?**

① 속보기는 전원에 정격전압의 ±10 [%]을 인가 시 정상 작동

② 반복시험은 정격전압에서 1,000회의 화재작동을 반복 시험 시 이상 없을 것

③ 주위온도시험의 섭씨(-10 ± 2) ˚ 및 섭씨(50 ± 2) ˚ 에서 각각 12시간 이상 방치한 후 1시간 이상 실온에서 방치에도 기능에 이상이 없을 것.

④ 절연내력시험의 $60[Hz]$의 정현파에 가까운 실효전압 500[V]의 교류전압을 가하는 시험에서 1분간 견딜 것.

해설 자동화재속보설비의 성능 시험

① 전원전압 변동시험 : 속보기는 전원에 정격전압의 80% 및 120%의 전압(±20 [%])을 인가하는 경우 정상적인 기능을 발휘하여야 한다.

② 반복시험 : 속보기는 정격전압에서 1,000회의 화재작동을 반복 실시하는 경우 그 구조 또는 기능에 이상이 생기지 않아야 한다.

③ 절연저항시험 :

　□ 직류 500[V]의 절연저항계로
　　• 절연된 충전부와 외함간의 절연저항 : 측정한 값이 5$[M\Omega]$ 이상
　　• 절연된 교류입력측과 외함간에는 절연저항 : 측정한 값이 20$[M\Omega]$ 이상
　　• 절연된 선로간의 절연저항 : 측정한 값이 20$[M\Omega]$ 이상

④ 주위온도시험 : 속보기는 섭씨(-10 ± 2) ˚ 및 섭씨(50 ± 2) ˚ 에서 각각 12시간 이상 방치한 후 1시간 이상 실온에서 방치한 다음 기능시험을 실시하는 경우 기능에 이상이 없어야 한다.

⑤ 절연내력시험 : $60[Hz]$의 정현파에 가까운 실효전압 500[V]의 교류전압을 가하는 시험에서 1분간 견뎌야한다.

정답 ①

05 자동화재속보설비의 절연저항에 대한 표의 빈칸을 채우시오.

절연저항계	구간	절연저항[$M\Omega$]
DC 500[V]	절연된 충전부와 외함간	
	절연된 교류입력측과 외함간	
	절연된 선로간	

> **해설** 자동화재속보설비의 절연저항
>
> 〈절연저항시험〉
>
> □ 직류 500[V]의 절연저항계로
>   - 절연된 충전부와 외함간의 절연저항 : 측정한 값이 5[$M\Omega$] 이상
>   - 절연된 교류입력측과 외함간에는 절연저항 : 측정한 값이 20[$M\Omega$] 이상
>   - 절연된 선로간의 절연저항 : 측정한 값이 20[$M\Omega$] 이상

06 속보기의 외함 두께로 옳은 것은?

① 강판 외함 : 1.2[mm] 이상, 합성수지 외함 : 2[mm] 이상
② 강판 외함 : 1.2[mm] 이상, 합성수지 외함 : 3[mm] 이상
③ 강판 외함 : 1.5[mm] 이상, 합성수지 외함 : 2[mm] 이상
② 강판 외함 : 1.5[mm] 이상, 합성수지 외함 : 3[mm] 이상

> **해설** 속보기의 외함 두께
>
> □ 속보기의 외함 두께
>   - 강판 외함 : 1.2[mm] 이상
>   - 합성수지 외함 : 3[mm] 이상

> **정답** ②

07 **자동화재속보설비의 설치 기준으로 옳지 않은 것은?**

① 자동화재탐지설비와 연동으로 작동하여 자동적으로 화재신호를 소방관서에 전달되는 것으로 할 것.

② 속보기는 소방관서에 통신망으로 통보하도록 하며, 데이터 또는 코드 전송방식을 부가적으로 설치할 수 있다.

③ 누름 스위치는 바닥으로부터 1.2[m] 이상~1.5[m] 이하의 높이로 설치한다.

④ 문화재에 설치하는 자동화재속보설비는 속보기에 감지기를 직접 연결하는 방식으로 할 수 있다.

해설 자동화재속보설비의 설치 기준

① 자동화재탐지설비와 연동으로 작동하여 자동적으로 화재신호를 소방관서에 전달되는 것으로 할 것.

② 속보기는 소방관서에 통신망으로 통보하도록 하며, 데이터 또는 코드전송방식을 부가적으로 설치할 수 있다.

③ 누름 스위치는 바닥으로부터 0.8[m] 이상~1.5[m] 이하의 높이로 설치한다.

④ 문화재에 설치하는 자동화재속보설비는 제1호의 기준에도 불구하고 속보기에 감지기를 직접 연결하는 방식(자동화재탐지설비 한 개의 경계구역에 한한다)으로 할 수 있다.

정답 ③

08 **자동화재속보설비의 의무 설치대상이 아닌 곳은?**

① 노유자 생활시설   ② 근린생활시설 중 산후조리원

③ 정신병원 및 의료재활시설   ④ 전통시장

해설 자동화재속보설비의 의무 설치대상

• 노유자 생활시설
• 근린생활시설 중 하나에 해당
  – 의원, 치과, 한의원(입원실 보유)
  – 조산원 및 산후조리원
• 병원(의료재활시설 제외)
• 전통시장
• 문화재(보물, 국보 목조건축물)

정답 ③

09 바닥면적 500$[m^2]$ 이상인 층을 보유한 건축물 중 자동화재속보설비의 설치 대상이 아닌 곳은?

① 노유자 시설   ② 수련시설(숙박)

③ 정신병원 및 의료재활시설   ④ 20층 이상

해설 자동화재속보설비의 설치대상

□ 바닥면적 500$[m^2]$ 이상인 층을 보유

- 노유자 시설
- 수련시설(숙박)
- 정신병원 및 의료재활시설

정답 ④

10 속보기의 기능으로 빈칸에 들어간 알맞은 내용으로 각각 옳은 것은?

작동신호를 수신하거나 수동으로 동작시키는 경우 (　)초 이내에 소방관서에 자동적으로 신호를 발하여 알리고, (　)회 이상 속보할 수 있어야 한다.

① 10, 3   ② 20, 2

③ 10, 5   ④ 20, 3

해설 속보기 기능

- 작동신호를 수신하거나 수동으로 동작시키는 경우 20[초] 이내에 소방관서에 자동적으로 신호를 발하여 통보하되, 3[회] 이상 속보할 수 있어야 한다.
- 예비전원은 감시상태를 60[분]간 지속한 후 10[분] 이상 동작(화재속보 후 화재표시 및 경보를 10분간 유지할 것)
- 속보기는 연동 또는 수동 작동에 의한 다이얼링 후 소방관서와 전화접속이 이루어지지 않는 경우에는 최초 다이얼링을 포함하여 10[회] 이상 반복적으로 접속을 위한 다이얼링이 이루어져야 한다. 이 경우 매회 다이얼링 완료 후 호출은 30초 이상 지속되어야 한다.

정답 ④

02 / 비상경보 설비

 개요

화재 발생상황을 알리기 위해 벨(경종) 또는 사이렌으로 경보를 발하여 비상 상황에 대한 경보를
발하여 대피하도록 알려주는 장치이다.

★ 비상경보 설비는 경보설비 중 자동화재탐지설비와 매우 유사하다.
  - 자동화재탐지설비 : 각 구역에 감지기를 설치하여 열·연기 등을 자동으로 감지하여 경보를
    발하는 설비이다.
  - 비상경보 설비 : 화재를 목격한 사람이 직접 발산기 작동시켜서 수동으로 경보를 발하는 설
    비이다.

2 정의

비상경보 설비란? 화재 발생 시 화재를 목격한 사람이 발신기를 눌러 건물 내의 재실자에게 화재
사실을 경보하여 미리 대피할 수 있도록 하는 장치이다.
  - 비상벨(경종) 설비 : 화재의 발생상황을 벨(경종)로 발(경보)하는 설비
  - 자동식사이렌 설비 : 화재의 발생상황을 전자식 사이렌으로 발(경보)하는 설비
  - 단독경보형 감지기 : 화재의 발생상황을 감지하고 내장된 음향장치를 통해 경보하는 감지기

비상경보기

③ 비상경보 설비 종류

경보를 발하는 방식에 따라 구분된다.

1) 비상벨 · 자동식 사이렌 설비

2) 단독경보형 감지기(전원, 음향장치 내장)

④ 비상벨 · 자동식 사이렌 설비

4-1 구성

4-1-1 수신기

- 경종(벨) 또는 사이렌
- 기동장치
- 표시등

4-1-2 전원

- 상용전원
- 비상전원

4-2 작동원리

4-2-1 작동 순서

- 1단계 : 화재 발견
- 2단계 : 발신기 작동
- 3단계 : 수신기
- 4단계 : 경종(벨) 또는 사이렌 작동

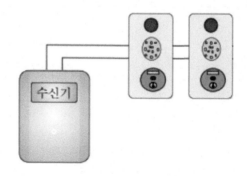

비상경보설비 계통도

4-3 설치 대상

① 공연장 : 바닥면적 $100[m^2]$ 이상

② 지하층·무창층 : 바닥면적 $150[m^2]$ 이상

③ 상가 이외 : 바닥면적 $400[m^2]$ 이상

④ 상시 40인 이상의 근로자가 작업하는 옥내 작업장

☆ 설치면제 대상

자동화재탐지설비를 설치한 경우

 ⑤ 설치 기준

자동화재탐지설비와 비상경보설비의 기능이 유사하므로 설치기준도 동일하다.

5-1 전원

① 전원 : 축전지, 전기저장장치 또는 교류저압의 옥내간선

② 전원 배선 : 전용배선

③ 개폐기에 표지 : 비상벨 설비용 또는 자동식사이렌 설비용

④ 축전지설비 용량 : 감시상태 60분 이상 지속 후, 10분 이상 경보

(단, 30층 이상 : 30분 이상 경보)

설비별 비상전원 용량 비교

설비 종류	비상전원 용량
• 자동화재탐지설비 • 자동화재속보설비 • 비상경보설비 • 비상방송설비	10분
• 유도등 • 비상조명등 • 옥내소화전 • 비상콘센트 • 재연설비	20분
• 무선통신보조설비 증폭기	30분
• 유도등 및 비상조명등 • 11층 이상 층	60분

예제 | 비상경보설비에 사용되는 축전지설비의 절연저항시험은 직류DC 500[V]의 절연저항계로 측정하여 아래의 경우 몇 $[M\Omega]$ 이상인가?

> 1) 절연된 충전부와 외함간 (   )$[M\Omega]$ 이상
> 2) 교류입력측과 외함간 (   )$[M\Omega]$ 이상
> 3) 절연된 선로간 (   )$[M\Omega]$ 이상

해설
• 절연된 충전부와 외함간 (5)$[M\Omega]$ 이상
• 교류입력측과 외함간 (20)$[M\Omega]$ 이상
• 절연된 선로간 (20)$[M\Omega]$ 이상

5-2 설치 위치

① 부식성가스 또는 습기 등에 의한 부식 우려가 없는 곳.

5-3 배선

① 전원회로 : 내화배선

② 기타배선 : 내화배선 또는 내열배선

③ 배선은 다른 전선과 별도의 관, 덕트, 몰드, 풀박스 등에 넣어 설치할 것.
   (다만, 60[V] 미만의 약전류회로 경우 각각의 전압이 같을 때는 예외)

④ 전원회로와 대지 간의 절연저항 :
   – 하나의 경계구역마다 직류DC 250[V]의 절연저항 측정계로 측정하여 절연저항 0.1$[M\Omega]$ 이상

5-4 음향장치

① 지구음향장치는 층마다 설치
   (다만, 비상방송설비에 비상벨설비 또는 자동식사이렌설비와 연동하는 경우에는 지구음향장치를 설치면제)

② 하나의 음향장치까지 수평거리 : 25[m] 이하

③ 음량 : 음향장치의 중심에서 1[m] 떨어진 위치에서 90[dB] 이상

④ 음향 : 정격전압의 80[%]에서 발할 것.

★ 특성별 음량

음량 비교

음량	특성
90[dB]	• 다수인
85[dB]	• 단독경보형 감지기
70[dB]	• 가스누설경보기 • 단독경보형 감지기 – 건전지 성능 저하 시 : 70[dB]
60[dB]	• 고장 시 • 단독경보형 감지기 – 음성타입

5-5 발신기

① 조작이 쉬운 장소에 설치

② 스위치 높이 : 0.8[m] 이상~1.5[m] 이하

③ 특정소방대상물의 층마다 설치

④ 하나의 비상경보설비의 발신기까지 수평거리 : 25[m] 이하

⑤ 위치표시등 :

- 발신기함 상부에 설치
- 부착면의 15° 이상, 10[m] 이내에서 식별 가능
- 등 색상 : 적색등

★ 비상경보설비와 자동화재탐지설비의 차이점

▫ 비상경보설비 : 감지기 없이 화재를 목격한 사람이 누름버튼을 수동으로 작동시켜 사이렌 및 발신기 내의 벨(경종)로 경보를 발하고 수신기에서 화재발생 구역을 확인할 수 있는 설비이다.

□ 자동화재탐지설비 : 감지기 및 발신기를 통하여 화재를 감지하여 수신기에서 화재를 인식하도록 하는 설비이다.

- 감지기 : 열, 연기, 불꽃 등에 의하여 자동으로 탐지
- 발신기 : 화재를 발견한 사람이 누름(푸시)버튼을 눌러 수동으로 탐지

예제 근린생활시설의 3층 업무시설 건물로 연면적이 $650[m^2]$인 경우 비상경보설비와 자동화재탐지설비의 감지기 설치에 대하여 쓰시오.

해설 비상경보설비와 자동화재탐지설비(감지기)의 설치 대상
□ 근린생활시설의 3층 업무시설
- 비상경보설비 : 연면적 $400[m^2]$ 이상
- 자동화재탐지설비(감지기) : $1000[m^2]$ 이상

정답 자동화재탐지설비의 감지기는 설치대상이 아니며, 비상경보설비는 설치대상이다.
수신기와 비상경보기(발신수세트)는 모든 층에 설치할 것.

예제 근린생활시설의 3층 동물병원 건물로 연면적이 $650[m^2]$인 경우 비상경보설비와 자동화재탐지설비의 감지기 설치에 대하여 쓰시오.

해설 비상경보설비와 자동화재탐지설비(감지기)의 설치 대상
□ 근린생활시설의 3층 동물병원
- 비상경보설비 : 연면적 $400[m^2]$ 이상
- 자동화재탐지설비(감지기) : $600[m^2]$ 이상

정답 자동화재탐지설비의 감지기도 설치대상이고, 비상경보설비도 설치대상이다.
수신기와 비상경보기(발신기 세트)는 모든 층에 설치할 것.

01 **비상경보설비의 경보 방식에 따른 종류가 아닌 것은?**

① 비상벨 설비　　　　　　　　　② 자동식 사이렌 설비

③ 단독경보형 감지기　　　　　　④ 비상방송 설비

해설　경보방식

경보를 발하는 방식에 따라 구분된다.

1) 비상벨 · 자동식 사이렌 설비

2) 단독경보형 감지기(전원, 음향장치 내장)

정답　④

02 **화재의 발생 상황을 벨(경종)로 발하는 설비의 명칭은?**

① 비상벨 설비　　　　　　　　　② 자동식 사이렌 설비

③ 단독경보형 감지기　　　　　　④ 비상방송 설비

해설　비상벨(경종) 설비?

비상벨(경종) 설비 : 화재의 발생 상황을 벨(경종)로 발(경보)하는 설비

정답　①

03 **화재의 발생 상황을 탐지하고 내장된 음향장치를 통해 경보하는 설비의 명칭은?**

① 비상벨 설비　　　　　　　　　② 자동식 사이렌 설비

③ 단독경보형 감지기　　　　　　④ 비상방송 설비

해설　단독경보형 감지기?

단독경보형 감지기 : 화재의 발생 상황을 감지하고 내장된 음향장치를 통해 경보하는 감지기

정답　③

04 비상경보설비의 설치 대상으로 옳지 않은 것은?

① 공연장 : 바닥면적 $100[m^2]$ 이상

② 지하층 · 무창층 : 바닥면적 $150[m^2]$ 이상

③ 상가 이외 : 바닥면적 $600[m^2]$ 이상

④ 상시 40인 이상의 근로자가 작업하는 옥내 작업장

해설 비상경보설비의 설치 대상

① 공연장 : 바닥면적 $100[m^2]$ 이상

② 지하층 · 무창층 : 바닥면적 $150[m^2]$ 이상

③ 상가 이외 : 바닥면적 $400[m^2]$ 이상

④ 상시 40인 이상의 근로자가 작업하는 옥내 작업장

정답 ③

05 비상경보설비의 설치하지 않아도 되는 면제 대상으로 옳은 것은?

① 자동화재속보설비   ② 단독경보형 감지기

③ 비상방송설비   ④ 자동화재탐지설비

해설 비상경보설비 설치면제 대상

자동화재탐지설비를 설치한 경우에는 비상경보설비를 설치하지 않아도 된다.

정답 ④

06 비상경보설비의 비상벨 · 자동식사이렌 설비의 발신기의 설치 기준으로 옳지 않은 것은?

① 조작스위치는 바닥으로부터 0.8[m] 이상~1.5[m] 이하의 높이에 설치할 것

② 특정소방대상물의 층마다 설치한다.

③ 하나의 발신기까지의 수평거리가 15[m] 이하가 되도록 할 것

④ 발신기의 위치표시등은 부착 면으로 부터 15° 이상의 범위 안에서 부착지점으로부터 10[m]이내의 어느 곳에서도 쉽게 식별할 수 있는 적색등으로 할 것

해설 비상벨설비 또는 자동식사이렌설비의 발신기 설치 기준
- 조작스위치는 바닥으로부터 0.8[m] 이상 1.5[m] 이하의 높이에 설치할 것
- 하나의 발신기까지의 수평거리가 25[m] 이하가 되도록 할 것,
  다만, 복도 또는 별도로 구획된 실로서 보행거리 40[m] 이상 일 경우 추가로 설치
- 발신기의 위치표시등은 함의 상부에 설치하되, 그 불빛 부착 면으로 부터 15° 이상의 범위 안으로 부착 지점으로 부터 10[m] 이내의 어느 곳에서도 쉽게 식별할 수 있는 적색등으로 할 것.

정답 ③

07 **비상경보설비의 음향장치의 설치 기준으로 옳지 않은 것은?**
① 지구음향장치는 층마다 설치
② 하나의 음향장치까지 수평거리 : 25[m] 이하
③ 음량은 음향장치의 중심에서 1[m] 떨어진 위치에서 90[dB] 이상
④ 음향은 정격전압의 90[%]에서 발할 것.

해설 음향장치
① 지구음향장치는 층마다 설치(다만, 비상방송설비에 비상벨설비 또는 자동식사이렌설비와 연동하는 경우에는 지구음향장치를 설치면제)
② 하나의 음향장치까지 수평거리 : 25[m] 이하
③ 음량 : 음향장치의 중심에서 1[m] 떨어진 위치에서 90[dB] 이상
④ 음향 : 정격전압의 80[%]에서 발할 것.

정답 ④

03 / 단독경보형 감지기

1 개요

화재로 발생된 열, 연기 또는 불꽃을 감지하여 감지기 내에 내장된 음향장치를 통해 화재상황을 단독으로 경보하는 감지기로서 수신기와는 연동되지 않는 비상경보설비이다.

2 정의

단독경보형감지기란? 화재의 발생상황을 감지하고 내장된 음향장치를 통해 단독으로 경보하는 감지기

3 구조

단독경보형감지기는 일반 감지기와 모양과 크기가 비슷하나 감지기능은 물론 경보기능과 건전지가 감지기 안에 내장되어 있다.

3-1 외부

- 작동표시등
- 작동테스트 버튼
- 경보부
- 감지부

단독경보형감지기(참고 : 도솔방재)

광전식 단독경보형감지기(참고 : 단골소방기)

3-2 내부

● 건전지(리듬이온 : 3[V])
● 암실

단독경보형감지기 내부

④ 설치 기준

4-1 설치 대상

★ 단독경보형감지기의 설치 대상

설치 조건	설치 대상
연면적 $600[m^2]$ 미만	• 숙박시설
연면적 $600[m^2]$ 미만	• 아파트, 기숙사
연면적 $600[m^2]$ 미만	• 교육시설 • 수련시설 (합숙소 또는 기숙사)
전체 해당	• 숙박시설용 수련시설 (수용인원 100명 미만)

4-2 설치 기준

① 각 실마다 설치하되, 바닥면적이 $150[m^2]$를 초과하는 경우에는 $150[m^2]$마다 1개 이상 설치할 것. (다만, 이웃하는 바닥면적이 각각 $30[m^2]$ 미만이고 벽체의 상부와 전부 또는 일부가 개방되어 이웃하는 실내와 공기가 상호유통되는 경우에는 1개의 실로 본다)

★ 단독경보형감지기 설치개수 $= \dfrac{\text{바닥면적}}{150[m^2]}\,[\text{개}]$

② 최상층의 계단실의 천장에 설치할 것. (다만, 외기가 상통하는 계단실의 경우는 제외)

③ 건전지를 주전원으로 사용하는 단독경보형감지기는 주기적으로 건전지를 교체할 것.

④ 상용전원을 주전원으로 사용하는 단독경보형감지기 2차 전지는 제품검사에 합격한 정품

4-3 동작시험

4-3-1 점검 방법

① 동작시험 버튼을 짧게 누르면 녹색등이 점멸하면서 "정상입니다." 라는 음성이 안내된다.

② 동작시험 버튼을 3초 이상 길게 누르면 "화재발생" 이라는 음성이 안내된다.

5 단독경보형감지기 기능

① 자동복귀형 스위치에 의하여 수동으로 작동시험을 할 수 있는 기능

② 정상 작동여부 : 정상적인 감시 상태일 때는 전원표시등이 주기적으로 섬광(빛을 발하는)한다.

★ 섬광 주기
- 점등 : 1초 이내
- 소등 : 30초~60초 이내

③ 작동표시등 : 화재 발생 표시기능

④ 내장된 음향장치 : 화재 발생 경보기능

⑤ 화재경보음 음량 : 1[m] 떨어진 거리에서 85[dB] 이상의 음량으로 10분 이상 경보 지속

⑥ 내장 건전지의 성능 저하 시 :

- 건전지 교체에 대한 음성안내를 포함 음향 및 표시등에 의한 72시간 이상의 경보기능
- 음향경보 : 1[m] 떨어진 거리에서 70[dB] 이상의 음량
- 음성안내 : 1[m] 떨어진 거리에서 60[dB] 이상의 음량

예제 실내의 바닥면적이 $1000\,[m^2]$인 경우에 설치하여야 하는 단독경보형감지기의 개수는?

해설 단독경보형감지기 설치개수

$$= \frac{\text{바닥면적}}{150\,[m^2]}\,[\text{개}]$$

정답 $= \dfrac{700\,[m^2]}{150\,[m^2]} = 4.666\,[\text{개}]$

$\therefore\ = 5\,[\text{개}]\quad \Leftarrow\ (\text{절상값})$

01 화재 발생을 감지한 후 내장된 음향장치로 경보하는 경보설비는?

① 자동화재탐지설비　　　　　　　　② 수신기

③ 비상경보설비　　　　　　　　　　④ 단독경보형감지기

> **해설** 단독경보형감지기
>
> 화재의 발생상황을 감지하고 내장된 음향장치를 통해 단독으로 경보하는 감지기

> **정답** ④

02 단독경보형감지기 기능으로 옳지 않은 것은?

① 자동복귀형 스위치에 의하여 자동으로 작동시험을 할 수 있는 기능

② 전원의 정상상태를 표시하는 전원표시등의 섬광주기는 1초 이내의 점등과 30초에서 60초 이내의 소등 기능

③ 작동표시등 : 화재 발생 표시기능

④ 내장된 음향장치 : 화재 발생 경보기능

> **해설** 단독경보형감지기 기능
>
> - 자동복귀형 스위치에 의하여 수동으로 작동시험을 할 수 있는 기능
> - 전원의 정상상태를 표시하는 전원표시등의 섬광주기는 1초 이내의 점등과 30초에서 60초 이내의 소등 기능
>   - 작동표시등 : 화재 발생 표시기능
>   - 내장된 음향장치 : 화재 발생 경보기능

> **정답** ①

03 단독경보형감지기의 화재 경보음에 대한 음량과 용량의 기준에 맞게 빈칸을 채우시오.

> 화재 경보음의 음량은 감지기로부터 1[m] 떨어진 거리에서 (a)[dB] 이상의 음량으로 (b)분 이상 경보가 지속되어야 할 것.

> **해설** 화재 경보음의 음량은 감지기로부터 1[m] 떨어진 거리에서 85[dB] 이상의 음량으로 10분 이상 경보 지속

> **정답** a : 85[dB], b : 10분

04 실내의 바닥면적이 $1000[m^2]$인 경우에 설치하여야 하는 단독경보형감지기의 개수는?
① 5 [개]
② 6 [개]
③ 7 [개]
④ 8 [개]

> **해설** 단독경보형감지기 설치개수
> $$= \frac{바닥면적}{150[m^2]}\,[개]$$
> $$= \frac{1000[m^2]}{150[m^2]} = 6.666\,[개]$$
> $$\therefore = 7\,[개] \quad \Leftarrow (절상값)$$

> **정답** ③

05 단독경보형감지기에서 상용전원을 주전원으로 사용하는 경우 전지의 종류는?
① 1차 전지
② 2차 전지
③ 3차 전지
④ 4차 전지

> **해설** 단독경보형감지기 설치기준
> 상용전원을 주전원으로 사용하는 단독경보형감지기의 2차 전지는 제품검사에 합격한 정품

> **정답** ②

06 단독경보형감지기의 설치 기준으로 옳지 않은 것은?

① 각 실마다 바닥면적이 $150[m^2]$ 이상인 경우에는 $150[m^2]$마다 1개 이상 설치할 것.

② 최상층의 계단실의 천장에 설치할 것.

③ 건전지를 주전원으로 사용하는 단독경보형감지기는 주기적으로 건전지를 교체할 것.

④ 상용전원을 주전원으로 사용하는 단독경보형감지기의 2차 전지는 제품검사에 합격한 정품

> **해설** 단독경보형감지기의 설치기준
>
> – 각 실마다 바닥면적이 $150[m^2]$를 초과하는 경우에는 $150[m^2]$마다 1개 이상 설치할 것.
> (다만, 이웃하는 바닥면적이 각각 $30[m^2]$ 미만이고 벽체의 상부와 전부 또는 일부가 개방
> 되어 이웃하는 실내와 공기가 상호유통 되는 경우에는 1개의 실로 본다)
> – 최상층의 계단실의 천장에 설치할 것.(다만, 외기가 상통하는 계단실의 경우는 제외)
> – 건전지를 주전원으로 사용하는 단독경보형감지기는 주기적으로 건전지를 교체할 것.
> – 상용전원을 주전원으로 사용하는 단독경보형감지기의 2차전지는 제품검사에 합격한 정품

> **정답** ①

07 단독경보형감지기의 기능 중에 내장된 건전지의 성능이 저하된 경우 감지기로부터 1[m] 떨어진 거리에서의 음향경보 음량과 음성안내 음량으로 각각 옳은 것은?

① 음향경보 음량 : 70[dB] 이상, 음성안내 음량 : 60[dB] 이상

② 음향경보 음량 : 75[dB] 이상, 음성안내 음량 : 65[dB] 이상

③ 음향경보 음량 : 80[dB] 이상, 음성안내 음량 : 70[dB] 이상

④ 음향경보 음량 : 85[dB] 이상, 음성안내 음량 : 75[dB] 이상

> **해설** 단독경보형감지기의 내장 건전지
>
> 내장 건전지 성능 저하 시 :
> – 건전지 교체에 대한 음성안내를 포함 음향 및 표시등에 의한 72시간 이상의 경보기능
> – 음향경보 : 1[m] 떨어진 거리에서 70[dB] 이상의 음량
> – 음성안내 : 1[m] 떨어진 거리에서 60[dB] 이상의 음량

> **정답** ①

08 단독경보형감지기의 기능으로 전원 표시등의 섬광주기는 몇 초 이내 점등과 소등이 되어야하는지 각각 쓰시오.

① 1초 이내 점등, 30초~60초 이내 소등   ② 1초 이내 점등, 40초~60초 이내 소등

③ 3초 이내 점등, 30초~60초 이내 소등   ④ 1초 이내 점등, 40초~60초 이내 소등

해설 단독경보형감지기의 기능

  ① 정상 작동여부 : 정상적인 감시상태일 때는 전원 표시등이 주기적으로 섬광(빛을 발하는)한다.

  ② 섬광 주기

    – 점등 : 1초 이내

    – 소등 : 30초~60초 이내

정답 ①

09 단독경보형감지기의 기능으로 옳지 않은 것은?

① 작동 시 작동 표시등에 의해 화재의 발생을 표시할 수 있을 것.

② 작동 시 내장된 음향장치에 의해 경보음을 발할 것.

③ 전원 표시등의 섬광주기는 3초 이내의 점등과 30초~60초 이내의 소등될 것.

④ 자동복귀형 스위치로 수동 작동시험을 할 수 있을 것.

해설 단독경보형감지기의 기능

  ① 자동복귀형 스위치에 의하여 수동으로 작동시험을 할 수 있는 기능

  ② 전원의 정상상태를 표시하는 전원표시등의 섬광주기는 1초 이내의 점등과 30초에서 60초 이내 의 소등 기능

  ③ 작동표시등 : 화재 발생 표시기능

  ④ 내장된 음향장치 : 화재 발생 경보기능

  ⑤ 화재경보음 음량 : 1[m] 떨어진 거리에서 85[dB] 이상의 음량으로 10분 이상 경보 지속

  ⑥ 내장 건전지의 성능 저하 시 :

    – 건전지 교체에 대한 음성안내를 포함 음향 및 표시등에 의한 72시간 이상의 경보기능

    – 음향경보 : 1[m] 떨어진 거리에서 70[dB] 이상의 음량

    – 음성안내 : 1[m] 떨어진 거리에서 60[dB] 이상의 음량

정답 ③

10 **단독경보형감지기에 대한 설명으로 틀린 것은?**

① 단독경보형감지기는 감지부, 경보장치, 전원이 개별로 구성되어야 할 것.

② 화재경보음은 감지기로부터 1[m] 떨어진 위치에서 85[dB] 이상으로 10분 이상 계속하여 경보할 것.

③ 단독경보형감지기는 수동으로 작동시험을 하고 자동복귀형 스위치에 의하여 자동으로 정위치에 복귀할 것.

④ 작동 시 작동표시등에 의하여 화재의 발생을 표시하고, 내장된 음향장치의 명동에 의하여 화재경보음을 발할 것.

해설 단독경보형감지기 기능

단독경보형감지기란 화재 시 단독으로 감지하여 자체에 내장된 음향장치, 전원으로 단독으로 경보하는 감지기이다.

정답 ①

04 비상방송설비

1 개요

자동화재탐지설비의 감지기 작동 또는 화재 발견자가 수동으로 직접 기동시켜 수신기에 화재신호
를 보낼 때 자동 또는 수동으로 증폭기의 전원이 작동하여 레코더 또는 마이크로폰을 작동시켜 음
성이나 비상경보방송을 스피커를 통해 신속하게 알려줌으로써 해당 특정소방대상물에 안에 있는
사람들이 피난을 하도록 하는 설비이다.

즉, 비상방송설비는 자동화재탐지설비와 연동되어 있다.

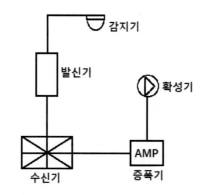

자동화재탐지설비와 비상방송설비의 연동

2 정의

비상방송설비란? 화재 발생 시 수신기에 감지된 화재신호를 자동으로 증폭하여 소방대상물 내에
있는 사람에게 마이크로폰이나 녹음기를 작동시켜 방송함으로써 피난 유도 및 초기 소화활동을 하
도록 알려주는 설비이다.

③ 구성 및 작동

3-1 작동순서

1) 화재를 발견한 사람이 기동장치를 수동으로 작동시키거나 또는 자동화재탐지설비의 감지기가 감지하여 수신기에서 증폭기로 자동으로 화재신호를 발한다.
2) 이들 가동장치나 수신기에서 발하여진 화재신호가 증폭기에 전원이 인가된다.
3) 증폭된 전원에 의해 미리 녹음된 방송내용은 음량 등을 조절할 수 있는 조작부를 거쳐 확성기를 통하여 음성이나 비상경보방송이 송출된다.

비상방송설비 계통도

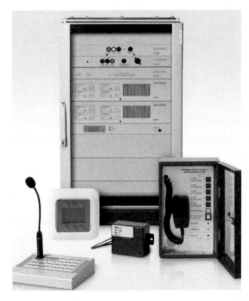

비상방송설비

3-2 구성요소

1) 확성기 : 스피커(Speaker)로 소리를 크게 하여 멀리까지 전달될 수 있도록 하는 장치를 말한다.

2) 음량조절기 : (Attenuator) 가변저항(저항을 변화시킬수 있는 소자)을 이용하여 전류를 변화시켜 음량을 크게 하거나 작게 조절할 수 있는 장치를 말한다.

3) 증폭기 : 앰프(Amplifier)로 전압·전류의 진폭을 늘려 감도를 좋게 하고 작은 전류를 큰 전류로 증폭시키는 장치를 말한다.

4) 기동장치 : 화재발생을 수동으로 작동시켜 비상방송을 기동시켜 주는 장치를 말한다.

5) 조작부 : (Operating Panel) 기기를 제어할 수 있도록 조작스위치, 지시계, 표시등 등을 집결시킨 부분을 말한다.

설치 기준

4-1 설치 대상

비상방송설비의 설치 대상 : 연면적이 넓고, 수용인원이 많은 대형건물

① 연면적 $3500[m^2]$ 이상인 것

② 지하층을 제외한 층수가 11층 이상인 것

③ 지하층의 층수가 3층 이상인 것

④ 설치 제외

- 위험물 저장 및 처리 시설 중 가스시설
- 동·식물 관련 시설(거주인 없는)
- 지하가 중 터널
- 축사 및 지하구

★ 설치면제 대상 : 자동화재탐지설비 또는 비상경보설비가 설치된 경우

4-2 구성요소

4-2-1 음향장치

비상방송설비는 다음의 기준에 따라 설치해야 한다. 이 경우 엘리베이터 내부에는 별도의 음향장치를 설치할 수 있다.

① 확성기의 음성입력은 3[W](실내에 설치는 1[W]) 이상일 것

    ★ 2024.01.01 개정 : 아파트 등의 실내 음성입력 2[W] 이상

② 확성기는 각 층마다 설치하되, 그 층의 각 부분으로부터 하나의 확성기까지의 수평거리가 25[m] 이하가 되도록 하고, 해당 층의 각 부분에 유효하게 경보를 발할 수 있도록 설치할 것

스피커의 종류

구분	Cone Speaker	Horn Speake
구조	원추형 진동판	혼속에 진동판
설치장소	옥내	옥외
용량	3[W]	5[W]

예제　**비상방송설비 확성기의 음성입력의 크기는?**

① 2[W](실내에 설치는 1[W]) 이하　　② 3[W](실내에 설치는 1[W]) 이하
③ 2[W](실내에 설치는 1[W]) 이상　　④ 3[W](실내에 설치는 1[W]) 이상

해설　확성기의 음성입력
    – 확성기의 음성입력은 3[W](실내에 설치는 1[W]) 이상일 것

정답　④

4-2-2 조작부

① 조작부의 조작스위치는 바닥으로부터 0.8[m] 이상~1.5[m] 이하의 높이에 설치할 것
② 조작부는 기동장치의 작동과 연동하여 해당 기동장치가 작동한 층 또는 구역을 표시할 수 있는 것으로 할 것
③ 증폭기 및 조작부는 수위실 등 상시 사람이 근무하는 장소로서 점검이 편리하고 방화상 유효한 곳에 설치할 것

4-2-3 경보 범위

층수가 11층(공동주택 16층) 이상의 특정소방대상물
① 2층 이상의 층에서 발화한 때에는 발화층·그 직상 4개층에 경보를 발할 것
② 1층에서 발화한 때에는 발화층·그 직상 4개층 및 지하층에 경보를 발할 것
③ 지하층에서 발화한 때에는 발화층·그 직상층 및 기타의 지하층에 경보를 발할 것

4-2-4 배선 및 회로

① 음량조정기를 설치하는 경우 음량조정기의 배선은 3선식으로 할 것
  • 3선 : 업무용배선(일반방송), 긴급용배선(비상방송), 공통선
② 다른 방송설비와 공용하는 것에 있어서는 화재 시 비상경보 외의 방송을 차단할 수 있는 구조로 할 것
③ 다른 전기회로에 따라 유도장애(전자파 장해)가 생기지 않도록 할 것
④ 하나의 특정소방대상물에 2 이상의 조작부가 설치되어 있는 때에는 각각의 조작부가 있는 장소 상호 간에 동시 통화가 가능한 설비를 설치하고, 어느 조작부에서도 해당 특정소방대상물의 전 구역에 방송을 할 수 있도록 할 것

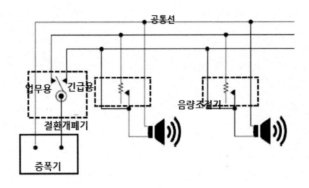

비상방송설비의 배선(3선식)

⑤ 비상방송설비의 기능

5-1 성능

① 자동화재탐지설비의 작동과 연동하여 작동할 수 있는 것으로 할 것
② 기동장치에 따른 화재신호를 수신한 후 필요한 음량으로 화재발생상황 및 피난에 유효한 방송이 자동으로 개시될 때까지의 소요시간은 10초 이내로 할 것
③ 음향장치는 정격전압의 80[%] 전압에서 음향을 발할 수 있는 것을 할 것

☆ 개시 소요시간 요약

구분	중계기	비상방송설비	가스누설경보기
소요시간(초)	5초 이하	10초 이하	60초 이하

5-2 배선

① 화재로 인하여 하나의 층의 확성기 또는 배선이 단락 또는 단선되어도 다른 층의 화재 통보에 지장이 없도록 할 것

② 전선의 종류

- 전원회로의 배선 : 내화배선

- 기타(그 외) 배선 : 내화배선 또는 내열배선

③ 절연저항

- 전원회로의 전로와 대지 사이 및 배선상호간의 절연저항 : 전기설비기술기준에 준함

- 부속회로의 전로와 대지 사이 및 배선 상호 간의 절연저항 : 1개의 경계구역마다 직류 DC 250[V]의 절연저항측정기를 사용하여 대지전압 150[V] 이하인 경우 측정한 절연저항이 0.1[MΩ] 이상이 되도록 할 것

절연저항계	대지전압	절연저항
직류DC 250[V]	150[V] 이하	0.1[MΩ] 이상
	150[V] 초과	0.2[MΩ] 이상

④ 비상방송설비의 배선은 다른 전선과 별도의 관·덕트(절연효력이 있는 것으로 구획한 때에는 그 구획된 부분은 별개의 덕트로 본다) 몰드 또는 풀박스 등에 설치할 것.

(다만, 60[V] 미만의 약전류회로에서는 제외)

예제 비상방송설비의 배선이 기준으로 전원회로의 배선(a)과 기타(그 외) 배선(b)의 종류로 각각 옳은 것은?

① (a) 내열, (b) 내열 또는 내화　　② (a) 내화, (b) 내화 그리고 내열

③ (a) 내화, (b) 내화 또는 내열　　④ (a) 내열, (b) 내열 그리고 내화

해설 비상방송설비의 배선의 종류

전선의 종류

- 전원회로의 배선 : 내화배선

- 기타(그 외) 배선 : 내화배선 또는 내열배선

정답　③

5-3 비상방송설비의 전원

① 비상방송설비의 상용전원은 전기가 정상적으로 공급되는 축전지설비, 전기저장장치(외부 전기에
너지를 저장해 두었다가 필요한 때 전기를 공급하는 장치) 또는 교류전압의 옥내간선으로 하고,
전원까지의 배선은 전용으로 할 것

☆ 비상방송설비와 비상콘센트 배선을 동일한 전선관에 내에 삽입 시공은 불가함

② 개폐기에는 [비상방송설비용]이라고 표시한 표지를 할 것
③ 비상방송설비의 비상전원은 감시상태를 60분간 지속한 후 유효하게 10분(감시상태 유지를 포함
한다) 이상 경보할 수 있는 축전지설비(수신기에 내장하는 경우를 포함한다) 또는 전기저장장치
(외부 전기에너지를 저장해 두었다가 필요한 때 전기를 공급하는 장치)를 설치해야 한다.
- 30층 이상 또는 120[m] 이상의 건축물은 감시상태를 60분간 지속한 후 유효하게 30분(감시상
태 유지를 포함한다) 이상 경보

연 · 습 · 문 · 제

01 비상방송설비의 상용전원으로 사용할 수 없는 것은?

① 자가발전설비
② 축전지설비
③ 전기저장장치
④ 교류전압의 옥내간선

> **해설** 비상방송설비의 상용전원
>
> 비상방송설비의 상용전원은 전기가 정상적으로 공급되는 축전지설비, 전기저장장치(외부 전기에
> 너지를 저장해 두었다가 필요한 때 전기를 공급하는 장치) 또는 교류전압의 옥내간선으로 하고,
> 전원까지의 배선은 전용으로 할 것

> **정답** ①

02 다음 중 비상방송설비의 화재안전기준으로 옳은 것은?

① 조작부의 스위치 높이는 0.8[m] 이상~2.5[m] 이하로 설치
② 다른 방송설비와 공용이 불가능함
③ 음향조정기의 배선은 3선식으로 설치
④ 확성기의 유효반지름은 50[m] 이하 되게 설치

> **해설** ① 조작부의 스위치 높이는 0.8[m] 이상~1.5[m] 이하로 설치
> ② 다른 방송설비와 공용하는 것에 있어서는 화재 시 비상경보 외의 방송을 차단할 수 있는 구조
> 로 할 것
> ③ 음향조정기의 배선은 3선식으로 설치
> ④ 확성기의 유효반지름은 25[m] 이하 되게 설치

> **정답** ③

03 비상방송설비에서 기동장치에 따른 화재신호를 수신한 후 필요한 음량으로 화재발생 상황 및 피난에 유효한 방송이 자동으로 개시될 때까지의 소요시간은 몇 초 이하로 하여야 하는가?

① 5초 ② 10초

③ 30초 ④ 60초

> **해설** 개시 소요시간
> - 중계기 : 5초 이하
> - 비상방송설비 : 10초 이하
> - 가스누설경보기 : 60초 이하

> **정답** ②

04 층수가 11층(공동주택 16층) 이상의 특정소방대상물의 1층에서 화재 발생 시 비상방송설비에서 경보를 발하는 곳은?

① 발화층 ② 발화층 및 그 직상 4개층

③ 발화층 및 그 지하 4개층 ④ 발화층, 그 직상 4개층 및 지하층

> **해설** 비상방송설비의 경보 범위
> **층수가 11층(공동주택 16층) 이상의 특정소방대상물**
> ① 2층 이상의 층에서 발화한 때에는 발화층·그 직상 4개층에 경보를 발할 것
> ② 1층에서 발화한 때에는 발화층·그 직상 4개층 및 지하층에 경보를 발할 것
> ③ 지하층에서 발화한 때에는 발화층·그 직상층 및 기타의 지하층에 경보를 발할 것

> **정답** ④

05 다음 빈칸에 들어갈 내용은?

> 비상방송설비의 비상전원은 감시상태로 ((a))간 유지한 후, 경보는 ((b)) 이상 발할 수 있는 축전지설비 또는 전기저장장치를 설치하여야한다.

① (a) 60분, (b) 10분 ② (a) 50분, (b) 20분

③ (a) 30분, (b) 10분 ④ (a) 30분, (b) 20분

해설 비상전원 성능기준

비상방송설비의 비상전원은 감시상태를 60분간 지속한 후 유효하게 10분(감시상태 유지를 포함한다) 이상 경보(30층 이상은 30분 이상 경보)할 수 있는 축전지설비(수신기에 내장하는 경우를 포함한다) 또는 전기저장장치(외부 전기에너지를 저장해 두었다가 필요한 때 전기를 공급하는 장치)를 설치해야 한다.

정답 ①

06 비상방송설비의 배선에서 부속회로의 전로와 대지 사이 및 배선상호간의 절연저항은 1개 경계구역마다 직류 250[V]의 절연저항측정기를 사용하여 측정한 절연저항이 몇 $[M\Omega]$ 이상이 되도록 하여야 하는가?

① $0.1[M\Omega]$
② $0.2[M\Omega]$
③ $1[M\Omega]$
④ $4[M\Omega]$

해설 절연저항

– 대지전압 150[V] 이하 시 : $0.1[M\Omega]$
– 대지전압 150[V] 초과 시 : $0.2[M\Omega]$

정답 ①

07 비상방송설비의 설치 대상이 아닌 곳은?

① 연면적 $3500[m^2]$ 이상인 것
② 지하층을 제외한 층수가 5층 이상인 것
③ 지하층의 층수가 3층 이상인 것
④ 연면적이 넓고, 수용인원인 많은 대형건물

해설 비상방송설비의 설치 대상

연면적이 넓고, 수용인원인 많은 대형건물
① 연면적 $3500[m^2]$ 이상인 것

② 지하층을 제외한 층수가 11층 이상인 것

③ 지하층의 층수가 3층 이상인 것

④ 설치 제외

- 위험물 저장 및 처리 시설 중 가스시설
- 동·식물 관련 시설(거주인 없는)
- 지하가 중 터널
- 축사 및 지하구

정답 ②

08 30층 이상 또는 120[m] 이상의 건축물에 대한 비상 방송설비의 비상 전원으로 감시상태와 경보 시간에 대한 용량으로 각각 옳은 것은?

① 60분, 10분   ② 60분, 20분

③ 60분, 30분   ④ 60분, 40분

해설 비상 전원 성능기준

30층 이상 또는 120[m] 이상의 건축물은 감시상태를 60분간 지속한 후 유효하게 30분(감시상태 유지를 포함한다) 이상 경보

정답 ③

05 / 누전경보기

개요

누설이란? 전기기기나 전선의 절연물이 열로 변성되는 열화현상으로 인해 전류가 금속체를 통해 대지로 흐르는 현상을 말한다.

누전(누설전류)에 의한 발열 또는 불꽃 등으로 인한 폭발 및 화재가 발생될 수 있다. 따라서 소방설비의 경보설비로 화재방지를 위해 누전으로 발생되는 신호를 검출하여 경보해주는 장치가 필요하다.

정의

누전경보기란? 내화구조가 아닌 건축물로서 벽, 바닥 또는 천장의 전부나 일부를 불연재료 또는 준불연재료가 아닌 재료에 철망을 넣어 만든 건물의 전기설비로부터 누설전류를 탐지하여 경보를 발하는 설비로 변류기와 수신부로 구성된 장치이다.

- 사용전압 600[V] 이하인 경계전로의 누설전류 또는 지락전류를 검출하여 해당 소방대상 관계자에게 경보를 발하는 설비로 변류기와 수신부로 구성된 것

누전경보기(참고 : (주)경보전기)

③ 구성요소

누전경보기는 증폭기, 음향장치, 차단기, 표시등으로 구성된 수신부와 변류기 구분된다.

3-1 수신부

누전경보기의 수신부는 누전으로 발생된 신호를 변류기를 이용하여 검출한 후 이 수신된 신호를 해당 소방대상물의 관계인에게 경보하여 주는 것으로 차단기구를 포함하고 있다.

- 수신부의 정격전류 60[A]를 기준으로 1급과 2급으로 구분된다.
- 집합형 수신부 : 2개 이상의 변류기를 연결한 수신부로 하나의 전원 및 음향장치 등으로 구성된 것.

3-1-1 증폭기

누설전류를 증폭시키는 기능의 장치

3-1-2 음향장치

정격이상의 누설전류 발생 시 경보를 발하는 기능의 장치
① 1[m]거리에서 음량
- 1급 누전경보기(정격전류 60[A] 초과) : 70[dB]
- 2급 누전경보기(정격전류 60[A] 이하) : 60[dB]
② 사용전압 80[%]에서 경보음 작동

3-1-3 차단기

경계전로에 누설전류 발생 시 이를 수신하여 경계전로의 전원을 자동으로 차단하는 기능의 장치로서 수신기 내에 있다.

3-2 변류기

변류기(영상변류기 : ZCT)란? 경계전로의 누설전류를 자동적으로 검출하는 장치로 검출된 신호를 누전경보기의 수신부에 송신한다.

☆주의☆
- 소방분야 : 변류기＝영상변류기
- 전기분야 : 변류기 ≠ 영상변류기

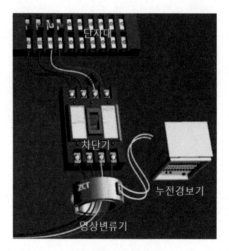

누전경보기 구성

4 작동원리

4-1 영상변류기

영상변류기(ZCT)에는 키르히호프의 전류분배법칙(KCL)이 적용된다.

4-1-1 *KCL*

유입되는 전류i_{IN}의 합은 유출되는 전류i_{OUT}과 합과 같다.

$$\sum i_{IN} = \sum i_{OUT} \quad \text{or} \quad \sum i_{IN} - \sum i_{OUT} = 0$$

1) 정상 시 : $i_1 + i_2 + i_3 = 0$

2) 누전 시 : $i_1 + i_2 + i_3 = i_g$

   여기서 i_g : 누설전류 또는 지락전류

3) 누설전류에 의해 발생되는 유기전압 E은

   $E = 4.44 f N_2 \phi_g \times 10^{-8} \, [V]$

   여기서 f : 주파수

   N_2 : 변류기 2차 권선수

   ϕ_g : 누설전류에 의해 발생되는 자속

영상변류기(ZCT)

4-1-2 3상 누설전류 검출

1) 정상 시 : 각 상의 전류는

   a 상 : $i_1 + i_a = i_b$

   b 상 : $i_2 + i_b = i_c$

   c 상 : $i_3 + i_c = i_a$

2) 누전 시 : c 상의 전류는

c 상 : $i_3 + i_c = i_a + i_g$

3) 누설전류 i_g 에 의해 영상변류기에서 자속 ϕ_g 이 발생되고 유기전압은 계전기를 증폭하여 경보를 발하고 차단한다.

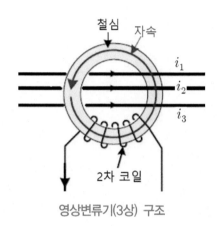

영상변류기(3상) 구조

⑤ 설치 기준

5-1 설치 대상

① 내화구조가 아닌 연면적 $500[m^2]$ 이상의 소방대상물

② 내화구조가 아닌 계약전류(종별이 다른 경우 최대계약전류 기준) 용량이 100[A] 초과의 소방대상물 (다만, 가스시설, 터널 또는 지하구의 경우에는 제외)

5-2 설치 기준

5-2-1 설치 방법

① 경계전로의 정격전류에 따른 설치

- 1급 누전경보기 : 경계전로의 정격전류가 60[A] 초과하는 전로에 설치

- 2급 누전경보기 : 경계전로의 정격전류가 60[A] 이하인 전로에 설치

  (다만, 정격전류가 60[A] 초과하는 전로가 분기되어 60[A] 이하가 되는 경우 2급 누전경보기로 1급 누전경보기를 설치한 것으로 본다.)

② 변류기는 특정소방대상물의 형태, 인입선의 시설방법 등에 따라 점검이 쉬운 위치에 설치할 것.

  - 옥외인입선의 제 1지점의 부하측 또는 제 2종 접지선측

③ 변류기를 옥외의 전로에 설치하는 경우에는 옥외형으로 설치할 것.

5-2-2 수신부 설치 기준

① 수신부는 옥내에 점검이 편리한 장소에 설치한다.

② 차단기구를 가진 수신부 설치 : 가연성 증기, 먼지 등이 체류할 수 있는 장소에 설치

③ 음향장치 :

  - 수위실 등 사람이 상시 근무하는 장소에 설치
  - 음량과 음색은 다른 기기의 소음과 명확히 구별될 것.

5-2-3 수신부 설치 제외 장소

① 가연성 증기, 먼지, 가스 등이나 부식성의 증기, 가스 등이 다량으로 체류하는 장소

② 화약류를 제조하거나 저장 또는 취급하는 장소

③ 습도가 높거나 온도변화가 급격한 장소

④ 대전류회로, 고주파발생회로 등에 영향을 받을 우려가 있는 장소

5-2-4 전원 설치 기준

① 전원은 분전반으로부터 전용회로로 할 것.

  - 각 극에 개폐기 및 15[A] 이하의 과전류차단기 설치.
  - 각 극에 개폐할 수 있는 20[A] 이하의 배선용차단기 설치.

② 전원을 분기할 때는 다른 차단기의 의해 차단되지 않을 것.

③ 전원의 개폐기에 누전경보기용임을 표시한 표지를 부착할 것.

5-2-5 검정기술 기준

① 공칭작동 전류치(작동에 필요한 누설전류값) : 200[mA] 이하
② 감도조정장치의 조정범위 : 1[A] 이하

예제	누전경보기 중 1급 누전경보기는 경계전로의 정격전류가 몇 [A]를 초과하는 경우 설치하는가?

① 50	② 60
③ 100	④ 120

해설 누전경보기의 정격전류

누전경보기의 경계전로의 정격전류
– 60[A] 초과 전로 : 1급 누전경보기 설치
– 60[A] 이하 전로 : 1급, 또는 2급 누전경보기 설치

정답 ②

5-3 누전경보기 시험

5-3-1 동작시험

① 시험 위치에서 회로시험 스위치로 각 구역을 선택 후 누전 시와 같은 작동이 되는지 확인한다.

5-3-2 도통시험

① 시험 위치에서 회로시험 스위치로 각 구역을 선택 후 변류기와의 접속이상 유무를 확인한다.
② 이상 시 도통감시등이 점등된다.

5-3-3 누설전류측정 시험

① 정상 시 누전량을 점검한다.

② 시험 위치에서 회로시험 스위치로 구역을 선택하면 누설전류량이 숫자 표시부에 표시된다.

5-3-4 절연저항 시험

직류 500[V]의 절연저항계로 수신부, 변류기에 대한 절연저항 시험을 한다.

① 수신부 절연저항 : 5[$M\Omega$] 이상

- 절연된 충전부와 외함간
- 차단기의 개폐부

② 변류기 절연저항 : 20[$M\Omega$] 이상

- 절연된 1차 권선과 2차 권선간
- 절연된 1차 권선과 외부 금속부간
- 절연된 2차 권선과 외부 금속부간

5-3-5 전원전압변동 시험

수신부는 전원 전압을 정격전압의 80%~120% 범위 내에서 변화 시 기능에 이상이 없을 것.

5-3-6 전압강하방지 시험

변류기는 경계전로에 정격전류를 인가하는 경우 경계전로의 전압강하는 0.5[V] 이하일 것.

5-3-7 누전경보기 미작동 원인

① 수신기 전원퓨즈의 단선

② 수신기 자체의 고장

③ 회로의 단선

④ 푸시버튼 스위치의 접속불량

⑤ 접속단자의 접속불량

★ 요약 : 절연저항

경보설비의 절연저항 비교

절연저항계	절연저항값	대상
DC 250[V]	0.1[$M\Omega$] 이상	• 1개 경계구역

DC 500[V]	5[$M\Omega$] 이상	• 수신기
		  − 10 회로 미만
		• 누전경보기
		• 가스누설경보기
		• 자동화재속보설비
		• 유도등 및 비상조명등
		  − 교류입력측과 외함간

	20[$M\Omega$] 이상	• 발신기 • 중계기 • 경종 • 비상콘센트 • 절연된 선로간 • 충전부와 비충전부간 • 교류입력측과 외함간 − 유도등 및 비상조명등 제외

	50[$M\Omega$] 이상	• 수신기 및 가스누설경보기
		  − 10 회로 이상
		• 감지기
		  − 정온식감지선형 제외

	1000[$M\Omega$] 이상	• 감지기 − 정온식감지선형

01 누전경보기의 변류기는 경계전로에 정격전류를 인가하는 경우 경계전로의 전압강하는 얼마 이하이어야 하는가?

① 0.5[v] 이하

② 1.0[v] 이하

③ 1.5[v] 이하

④ 2.0[v] 이하

해설 경계전로의 전압강하

변류기는 경계전로에 정격전류를 인가하는 경우 경계전로의 전압강하는 0.5[V] 이하일 것.

정답 ①

02 경계전로의 누설전류를 자동으로 검출하여 누전경보기의 수신부에 발하는 장치는?

① 변류기

② 발신기

③ 검출기

④ 중계기

해설 변류기란?

경계전로의 누설전류를 자동적으로 검출하는 장치로 검출된 신호를 누전경보기의 수신부에 송신한다.

정답 ①

03 다음 ( ) 안에 들어갈 내용은?

누전경보기란? 사용전압 ( ) 이하인 경계전로의 누설전류 또는 지락전류를 검출하여 해당 소방대상관계자에게 경보를 발하는 설비로 변류기와 수신부로 구성된 것을 말한다.

① 220[V]

② 380[V]

③ 600[V]

④ 750[V]

해설 누전경보기란?

사용전압 600[V] 이하인 경계전로의 누설전류 또는 지락전류를 검출하여 해당 소방대상관계자에게 경보를 발하는 설비로 변류기와 수신부로 구성된 것

정답 ③

04 다음 (   ) 안에 들어갈 내용은?

> 누전경보기의 전원은 분전반으로부터 전용회로로 하고 각 극에 개폐기 및 (   )[A] 이하의 과전류 차단기를 설치할 것.

① 5[A]
② 10[A]
③ 15[A]
④ 20[A]

해설 전원 설치기준

전원은 분전반으로부터 전용회로로 할 것.
– 각 극에 개폐기 및 15[A] 이하의 과전류차단기 설치.
– 각 극에 개폐할 수 있는 20[A] 이하의 배선용차단기 설치.

정답 ③

05 누전경보기의 수신부 설치제외 장소로 적합하지 않은 곳은?

① 가연성 증기, 먼지, 가스 등이나 부식성의 증기, 가스 등이 다량으로 체류하는 장소
② 화약류를 제조하거나 저장 또는 취급하는 장소
③ 습도가 높거나 온도변화가 급격한 장소
④ 저전류회로, 저주파발생회로 등에 영향을 받을 우려가 있는 장소

해설 누전경보기의 수신부 설치제외 장소

① 가연성 증기, 먼지, 가스 등이나 부식성의 증기, 가스 등이 다량으로 체류하는 장소
② 화약류를 제조하거나 저장 또는 취급하는 장소
③ 습도가 높거나 온도변화가 급격한 장소
④ 대전류회로, 고주파발생회로 등에 영향을 받을 우려가 있는 장소

정답 ④

06 누전경보기의 수신부 설치 장소로 적합하지 않은 곳은?

① 수신부는 옥내에 점검이 편리한 장소
② 가연성 증기, 먼지 등이 체류할 수 있는 장소
③ 음향장치는 수위실 등 사람이 상시 근무하는 장소
④ 음향장치는 음량과 음색은 다른 기기의 소음과 명확히 구별되는 장소

해설 누전경보기의 수신부 설치 장소
　　① 수신부는 옥내에 점검이 편리한 장소에 설치한다.
　　② 차단기구를 가진 수신부 설치 : 가연성 증기, 먼지 등이 체류할 수 있는 장소에 설치
　　③ 음향장치
　　　　– 수위실 등 사람이 상시 근무하는 장소에 설치
　　　　– 음량과 음색은 다른 기기의 소음과 명확히 구별될 것.

정답 ②

07 누전경보기의 수신부 전원 설치 기준으로 적합하지 않은 것은?

① 전원은 분전반으로부터 전용회로로 할 것.
② 각 극에 개폐기 및 15[A] 이하의 배선용차단기, 20[A] 이하의 과전류차단기 설치할 것.
③ 전원을 분기할 때는 다른 차단기의 의해 차단되지 않을 것.
④ 전원의 개폐기에 누전경보기용임을 표시한 표지를 부착할 것.

해설 누전경보기의 전원 설치 기준
　　① 전원은 분전반으로부터 전용회로로 할 것.
　　　　– 각 극에 개폐기 및 15[A] 이하의 과전류차단기 설치.
　　　　– 각 극에 개폐할 수 있는 20[A] 이하의 배선용차단기 설치.
　　② 전원을 분기할 때는 다른 차단기의 의해 차단되지 않을 것.
　　③ 전원의 개폐기에 누전경보기용임을 표시한 표지를 부착할 것.

정답 ②

06 / 가스누설경보기

1 개요

가스누설경보기란(Gas Leak Detector)? 가연성가스(LNG, LPG) 또는 불완전연소가스(CO) 등
가스의 누설, 체류를 탐지(감지)하여 소방대상물의 관계자에게 경보를 발함으로써 가스폭발이나
화재를 방지하고 누설된 가스로 인한 중독 사고를 미리 방지하기 위한 장치이다.

(a) LNG   (b) LPG

LNG, LPG 가스누설경보기 감지기

2 정의

1) 가연성가스 경보기란? 보일러 등 가스연소기에서 액화석유가스(LPG), 액화천연가스(LNG) 등
   의 가연성가스가 새는(누설) 것을 탐지하여(탐지부) 관계자나 이용자에게 경보하여 주는(수신
   부) 것을 말한다.
2) 일산화탄소 경보기란? 일산화탄소가 새는 것을 탐지하여 관계자나 이용자에게 경보하여 주는
   것을 말한다.

(다만, 탐지소자 외의 방법에 의하여 가스가 새는 것을 탐지하는 것, 점검용으로 만들어진 휴대용탐지기 또는 연동기기에 의하여 경보를 발하는 것은 제외)

③ 가스누설경보기의 구성

1) 탐지부란? 가스누설경보기 중 가스누설을 탐지하여 중계기 또는 수신부에 가스누설의 신호를 발신하는 부분 또는 가스누설을 탐지하여 수신부 등에 가스누설의 신호를 발신하는 부분을 말한다.
2) 중계기란? 가스누설을 탐지한 탐지부에서 발하여진 탐지신호를 수신기 및 수신부에 통신신호로 변환하여 전달하는 중계역할을 하는 장치를 말한다.
3) 수신부란? 경보기 중 탐지부에서 발하여진 가스누설신호를 직접 또는 중계기를 통하여 수신하고 이를 관계자에게 음향으로서 경보하여 주는 것을 말한다.
4) 기타 부속장치란? 가스누설경보기와 연동되는 환풍기 등과 같은 장치를 말한다.

④ 가스누설경보기의 종류

구조에 따라 단독형 및 분리형으로, 용도에 따라 가정용, 산업용, 공장용, 영업용으로 구분된다.
1) 분리형이란? 탐지부(검지부)와 수신부가 분리되어 있는 형태의 경보기를 말한다.
    ● 용도 : 공업용(1회로 이상), 영업용(1회로)
2) 단독형이란? 탐지부와 수신부가 일체로 되어있는 형태의 경보기를 말한다.
    ● 용도 : 가정용
3) 가스연소기란? 가스레인지 또는 가스보일러 등 가연성가스를 이용하여 불꽃을 발생하는 장치를 말한다.

4-1 가연성가스 경보기

가연성가스를 사용하는 가스연소기가 있는 경우에는 가연성가스(액화석유가스(LPG), 액화천연가스(LNG) 등)의 종류에 적합한 경보기를 가스연소기 주변에 설치하여야 한다.

4-1-1 분리형 경보기 설치 기준

1) 수신부 설치 기준

① 가스연소기 주위의 경보기의 상태 확인 및 유지 관리에 용이한 위치에 설치할 것

② 가스누설 음향의 음량과 음색이 다른 기기의 소음 등과 명확히 구별될 것

③ 가스누설 음향은 수신부로부터 1[m] 떨어진 위치에서 음압이 70[dB] 이상일 것

④ 수신부의 조작스위치는 바닥으로부터의 높이가 0.8[m] 이상 ~ 1.5[m] 이하인 장소에 설치할 것

⑤ 수신부가 설치된 장소에는 관계자 등에게 신속히 연락할 수 있도록 비상연락 번호를 기재한 표를 비치할 것

2) 탐지부 설치 기준

① 탐지부는 가스연소기의 중심으로부터 직선거리 8[m](공기보다 무거운 가스를 사용하는 경우에는 4[m]) 이내에 1개 이상 설치하여야 한다.

② 탐지부는 천정으로부터 탐지부 하단까지의 거리가 0.3[m] 이하가 되도록 설치한다.

다만, 공기보다 무거운 가스를 사용하는 경우에는 바닥면으로부터 탐지부 상단까지의 거리는 0.3[m] 이하로 한다.

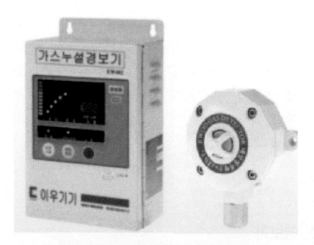

분리형 가스누설경보기(참고 : (주)유한테크)

4-1-2 단독형 경보기 설치 기준

① 가스연소기 주위의 경보기의 상태 확인 및 유지 관리에 용이한 위치에 설치할 것

② 가스누설 음향의 음량과 음색이 다른 기기의 소음 등과 명확히 구별될 것

③ 가스누설 음향장치는 수신부로부터 1[m] 떨어진 위치에서 음압이 70[dB] 이상일 것

④ 단독형 경보기는 가스연소기의 중심으로부터 직선거리 8[m](공기보다 무거운 가스를 사용하는 경우에는 4[m]) 이내에 1개 이상 설치하여야 한다.

⑤ 단독형 경보기는 천장으로부터 경보기 하단까지의 거리가 0.3[m] 이하가 되도록 설치한다. 다만, 공기보다 무거운 가스를 사용하는 경우에는 바닥면으로부터 단독형 경보기 상단까지의 거리는 0.3[m] 이하로 한다.

⑥ 경보기가 설치된 장소에는 관계자 등에게 신속히 연락할 수 있도록 비상연락 번호를 기재한 표를 비치할 것

단독형 가스누설경보기(참고 : (주)수신홈텍)

4-2 일산화탄소 경보기

일산화탄소 경보기를 설치하는 경우에는 가스연소기 주변에 설치할 수 있다.

4-2-1 분리형 경보기 설치 기준

1) 수신부 설치 기준

① 가스누설 음향의 음량과 음색이 다른 기기의 소음 등과 명확히 구별될 것

② 가스누설 음향은 수신부로부터 1[m] 떨어진 위치에서 음압이 70[dB] 이상일 것

③ 수신부의 조작 스위치는 바닥으로부터의 높이가 0.8[m] 이상~1.5[m] 이하인 장소에 설치할 것

④ 수신부가 설치된 장소에는 관계자 등에게 신속히 연락할 수 있도록 비상연락 번호를 기재한 표를 비치할 것

2) 탐지부 설치 기준

① 천정으로부터 탐지부 하단까지의 거리가 0.3[m] 이하가 되도록 설치한다.

4-2-2 단독형 경보기 설치 기준

① 가스누설 음향의 음량과 음색이 다른 기기의 소음 등과 명확히 구별될 것

② 가스누설 음향장치는 수신부로부터 1m 떨어진 위치에서 음압이 70dB 이상일 것

③ 단독형 경보기는 천장으로부터 경보기 하단까지의 거리가 0.3m 이하가 되도록 설치한다.

④ 경보기가 설치된 장소에는 관계자 등에게 신속히 연락할 수 있도록 비상연락 번호를 기재한 표를 비치할 것

일산화탄소 가스누설경보기(참고 : 센코)

⑤ 설치 대상

1) 충전소, 차량 충전소, 충전공급실, 주방
2) 가스시설이 설치되어 있는 특정소방대상물
   - 판매시설, 운수시설, 노유자시설, 숙박시설, 창고시설 중 물류터미널
   - 문화시설, 집회시설, 종교시설, 의료시설, 수련시설, 운동시설, 장례시설

5-1 설치 장소 및 지점

5-1-1 설치 장소

① 건축물 내·외에 설치되어 있는 가연성 및 독성물질을 취급하는 압축기, 밸브, 반응기, 배관 연결부위 등 가스의 누출이 우려되는 화학설비 및 부속설비 주변
② 가열로 등 발화원이 있는 제조설비 주위에 가스가 체류하기 쉬운 장소
③ 가연성 및 독성물질의 충진용 설비의 접속부 주위
④ 방폭지역 내에 위치한 변전실, 배전반실, 제어실 등
⑤ 기타 특별히 가스가 체류하기 쉬운 장소

5-1-2 설치 지점

① 가스누설경보기는 근로자가 상주하는 곳에 설치하여야 한다.
② 가스누설경보기는 가능한 가스의 누출이 우려되는 누출부위 가까운 지점에 설치
   - 건축물 외부에 설치 시 :
     - 풍향, 풍속, 가스의 비중 등을 고려하여 가스가 체류하기 쉬운 지점에 설치한다.
   - 건축물 내부에 설치 시 :
     - 비중이 공기보다 무거운 부탄 및 프로판 가스 : 건축물 내의 하부(바닥에서 0.3[m] 이내)에 설치
     - 비중이 공기보다 가벼운 메탄 가스 : 건축물의 환기구 부근 또는 당해 건축물내의 상부(천장에서 0.3[m] 이내)에 설치

5-1-3 설치 제외 장소

분리형 경보기의 탐지부(검지부) 및 단독형 경보기의 설치 제외 장소

① 출입구 부근 등으로서 외부의 기류가 통하는 곳

② 환기구 등 공기가 들어오는 곳으로부터 1.5[m] 이내인 곳

③ 연소기의 폐가스에 접촉하기 쉬운 곳

④ 가구 · 보 · 설비 등에 가려져 누설가스의 유통이 원활하지 못한 곳

⑤ 수증기, 기름 섞인 연기 등이 직접 접촉될 우려가 있는 곳

6 부품의 구조 및 기능

6-1 표시등

① 전구는 2개 이상 병렬로 접속해야 한다.(다만, 방전등 또는 발광다이오드를 사용하는 경우는 예외)

② 가스누설 표시등의 색상은 모두 황색이다.

– 누설등 : 가스 누설을 표시하는 등(황색)

– 지구등 : 누설된 경계구역의 위치를 표시하는 등(황색)

다만, 누설등을 설치한 수신부의 지구등 및 수신기와 병용하지 않는 지구등은 그러하지 아니한다.

③ 주위의 밝기가 300[lx]인 장소에서 측정하여 앞면으로부터 3[m] 떨어진 곳에서 켜진 등이 확실히 식별되어야 한다.

④ 전구는 사용전압의 130[%]인 교류전압을 20시간 연속하여 가했을 경우 단선, 현저한 광속변화, 전류 저하, 흑화 등이 발생하지 않아야한다.

⑤ 분리형 수신부의 기능

● 소요시간 : 수신개시로부터 가스누설 표시까지의 소요시간은 60초 이내여야 한다.

6-2 음향장치

① 사용전압의 80%에서 경보할 것.

② 무향실 내에서 정위치에 부착된 음향장치 중심으로부터 1[m] 떨어진 지점에서 주음향장치의 음압은 90[dB](단독형 및 분리형 중 영업용인 경우는 70[dB]) 이상이어야 한다.

③ 고장표시용의 음압은 60[dB] 이상이어야 한다.

음향장치의 용도애 따른 음량

구분	용도(주음향)	음량
단독형	가정용	70[dB] 이상
분리형	영업용	70[dB] 이상
	공업용	90[dB] 이상
고장표시용		60[dB] 이상

예제 가스누설 시 가스누설경보기의 수신개시로부터 가스누설 표시까지의 소요시간은?

① 60초 이내 　　　　　　　② 30초 이내
③ 10초 이내 　　　　　　　④ 5초 이내

해설 수신개시로부터 가스누설 표시까지의 소요시간은 60초 이내이다.

정답 ①

예제 가스누설경보기의 표시등 및 누설등의 색상은?

① 표시등 : 적색, 누설등 : 적색 　　② 표시등 : 적색, 누설등 : 황색
③ 표시등 : 황색, 누설등 : 황색 　　④ 표시등 : 황색, 누설등 : 적색

해설 가스에 관련된 누설등 및 표시등의 색상은 모두 황색이다.

정답 ③

6-3 전원

6-3-1 상용전원

경보기는 건전지 또는 교류전압의 옥내간선을 사용하여 상시 전원이 공급되어야 한다.

6-3-2 예비전원

① 축전지의 종류 :
  - 리듐계 2차 축전지
  - 알칼리계 2차 축전지
  - 밀폐형(무보수) 연축전지
② 용량
  - 가정용(1회선용) : 감시상태 20분간 유지, 경보발생 10분간의 용량
  - 영업용, 공업용(2회선 이상용) : 모든 회로에 감시상태 10분간 유지, 경보발생 10분간의 용량

6-4 경보기

가스누설 신호를 수신 시 가스누설 표시등과 경보기가 자동적으로 작동할 것.
- 가스누설 표시등 : 황색(다만, 단독형은 누설등을 생략할 수 있다.)

6-5 성능시험

6-5-1 시험 조건

① 실온 : $5°C$ 이상 ~ $35°C$ 이하
② 상대습도 : 45% 이상 ~ 85% 이하

6-5-2 반복시험

① 사용전압에서 8시간 연속 경보시험
② 정격전압에서 3분 20초 경보와 6분 40초 정지를 반복하여 20시간 시험 시 구조 및 성능에 이상 없을 것.

6-5-3 절연저항

가스누설경보기의 절연저항

절연저항계	대상	절연저항
직류 500[V]	절연된 충전부와 외함간	$5[M\Omega]$ 이상
	전원측과 외함간 절연된 선로간	$20[M\Omega]$ 이상

6-5-4 절연내력

정현파 $60\,[Hz]$인 실효전압 500[V]을 충전부와 비충전부 사이에 1분간 가하는 경우 절연내력이
이상 없을 것.

연 ● 습 ● 문 ● 제

01 가스의 누설, 체류를 탐지하여 소방대상물의 관계자에게 경보를 발하여주는 경보설비는?

① 가스누설경보기   ② 누전경보기

③ 단독경보형감지기   ④ 가스경보기

해설 가스누설경보기란(Gas Leak Detector)?

가연성가스(LNG, LPG) 또는 불완전연소가스(CO) 등 가스의 누설, 체류를 탐지(감지)하여 소방대상물의 관계자에게 경보를 발함으로써 가스폭발이나 화재를 방지하고 누설된 가스로 인한 중독 사고를 미리 방지하기 위한 장치이다.

정답 ①

02 가스누설경보기의 구성요소가 아닌 것은?

① 탐지부   ② 수신부

③ 중계기   ④ 발신기

해설 가스누설경보기의 구성요소

탐지부, 수신부, 중계기, 환풍기 등의 기타 부속장치로 구성된다.

정답 ④

03 가스누설경보기의 수신부 설치 기준으로 적합하지 않는 것은?

① 가스연소기 주위의 경보기의 상태 확인 및 유지 관리에 용이한 위치에 설치할 것

② 가스누설 음향의 음량과 음색이 다른 기기의 소음 등과 명확히 구별될 것

③ 가스누설 음향은 수신부로부터 1[m] 떨어진 위치에서 음압이 90[dB] 이상일 것

④ 수신부의 조작스위치는 바닥으로부터의 높이가 0.8[m] 이상 ~ 1.5[m] 이하인 장소에 설치할 것

해설 가스누설경보기의 수신부 설치 기준

① 가스연소기 주위의 경보기의 상태 확인 및 유지 관리에 용이한 위치에 설치할 것

② 가스누설 음향의 음량과 음색이 다른 기기의 소음 등과 명확히 구별될 것

③ 가스누설 음향은 수신부로부터 1[m] 떨어진 위치에서 음압이 70[dB] 이상일 것

④ 수신부의 조작스위치는 바닥으로부터의 높이가 0.8[m] 이상 ~ 1.5[m] 이하인 장소에 설치할 것

정답 ③

04 가스누설경보기의 탐지부 설치 기준으로 적합하지 않는 것은?

① 탐지부는 가스연소기의 중심으로부터 직선거리 8[m] 이내에 1개 이상 설치하여야 한다.

② 공기보다 무거운 가스를 사용하는 경우 탐지부는 4[m] 이내에 1개 이상 설치하여야 한다.

③ 탐지부는 천정으로부터 탐지부 하단까지의 거리가 0.15[m] 이하가 되도록 설치한다.

④ 공기보다 무거운 가스를 사용하는 경우에는 바닥면으로부터 탐지부 상단까지의 거리는 0.3m 이하로 한다.

> **해설** 가스누설경보기의 탐지부 설치 기준
>
> ① 탐지부는 가스연소기의 중심으로부터 직선거리 8[m](공기보다 무거운 가스를 사용하는 경우에는 4[m]) 이내에 1개 이상 설치하여야 한다.
>
> ② 탐지부는 천정으로부터 탐지부 하단까지의 거리가 0.3[m] 이하가 되도록 설치한다.
> 다만, 공기보다 무거운 가스를 사용하는 경우에는 바닥면으로부터 탐지부 상단까지의 거리는 0.3[m] 이하로 한다.

> **정답** ③

05 가스누설경보기의 예비전원으로 사용되는 축전지의 종류가 아닌 것은?

① 리듐계 2차 축전지　　　　　② 알칼리계 2차 축전지

③ 밀폐형(무보수) 연축전지　　　④ 코발트계 2차 축전지

> **해설** 가스누설경보기의 예비전원로 사용되는 축전지는 리듐계 2차 축전지, 알칼리계 2차 축전지, 밀폐형(무보수) 연축전지

> **정답** ④

06 다음 중 분리형 가스누설경보기의 경보기의 탐지부(검지부) 및 단독형 경보기를 설치 이외의 장소가 아닌 곳은?

① 출입구 부근 등으로서 외부의 기류가 통하는 곳

② 환기구 등 공기가 들어오는 곳으로부터 1.5[m] 이상인 곳

③ 가구·보·설비 등에 가려져 누설가스의 유통이 원활하지 못한 곳

④ 수증기, 기름 섞인 연기 등이 직접 접촉될 우려가 있는 곳

해설 분리형 경보기의 탐지부(검지부) 및 단독형 경보기는 다음의 장소 이외의 장소에 설치한다.

- 출입구 부근 등으로서 외부의 기류가 통하는 곳
- 환기구 등 공기가 들어오는 곳으로부터 1.5[m] 이내인 곳
- 연소기의 폐가스에 접촉하기 쉬운 곳
- 가구·보·설비 등에 가려져 누설가스의 유통이 원활하지 못한 곳
- 수증기, 기름 섞인 연기 등이 직접 접촉될 우려가 있는 곳

정답 ②

07 가스누설경보기의 표시등의 구조 및 기능으로 옳지 않은 것은?

① 전구는 2개 이상 병렬로 접속해야 한다.
② 가스누설 표시등의 색상은 황색이고, 지구등의 색상은 적색이다.
③ 주위의 밝기가 300[lx]인 장소에서 측정하여 앞면으로부터 3[m] 떨어진 곳에서 켜진 등이 확실히 식별되어야 한다.
④ 전구는 사용전압의 130[%]인 교류전압을 20시간 연속하여 가했을 경우 단선, 현저한 광속 변화, 전류 저하, 흑화 등이 발생하지 않아야한다.

해설 가스누설 표시등의 구조 및 성능

① 전구는 2개 이상 병렬로 접속해야 한다.
 (다만, 방전등 또는 발광다이오드를 사용하는 경우는 예외)
② 가스누설 표시등의 색상은 모두 황색이다.
  - 누설등 : 가스 누설을 표시하는 등(황색)
  - 지구등 : 누설된 경계구역의 위치를 표시하는 등(황색)
    다만, 누설등을 설치한 수신부의 지구등 및 수신기와 병용하지 않는 지구등은 그러하지 아니한다.
③ 주위의 밝기가 300[lx]인 장소에서 측정하여 앞면으로부터 3[m] 떨어진 곳에서 켜진 등이 확실히 식별되어야 한다.
④ 전구는 사용전압의 130[%]인 교류전압을 20시간 연속하여 가했을 경우 단선, 현저한 광속 변화, 전류 저하, 흑화 등이 발생하지 않아야한다.

정답 ②

08 가스누설경보기의 탐지부와 수신부가 같이 일체로 붙어있는 형태의 종류는?

① 단독형　　　　　　　　　　　② 복합형

③ 분리형　　　　　　　　　　　④ 일체형

> **해설** 가스누설경보기의 종류
>
> 단독형이란? 탐지부와 수신부가 일체로 되어있는 형태의 경보기를 말한다.
> － 용도 : 가정용

> **정답** ①

09 가스누설경보기의 직류전압 500[V]의 절연저항계로 절연된 충전부와 외함간 측정하는 경우 절연저항은?

① 5[$M\Omega$]　　　　　　　　　② 10[$M\Omega$]

③ 20[$M\Omega$]　　　　　　　　④ 30[$M\Omega$]

> **해설** 절연저항 시험
>
> | 절연저항계 | 대상 | 절연저항 |
> |---|---|---|
> | 직류 500[V] | 절연된 충전부와 외함간 | 5[$M\Omega$] 이상 |
> | | 전원측과 외함간
절연된 선로간 | 20[$M\Omega$] 이상 |

> **정답** ①

10 가스누설경보기의 종류 중 탐지부와 수신부가 분리되어 있는 구조의 경보기 명칭은?

① 분리형 경보기　　　　　　　② 복합형 경보기

③ 단독형 경보기　　　　　　　④ 혼합형 경보기

> **해설** 분리형 경보기란? 탐지부(검지부)와 수신부가 분리되어 있는 형태의 경보기를 말한다.
> － 용도 : 공업용(1회로 이상), 영업용(1회로)

> **정답** ①

04

피난구조설비

CHAPTER

01

유도등 및 유도표지

화재 발생 시 건물 내의 재실자에게 안전하게 대피할 수 있도록 출구인 피난구 또는 피난 방향을
안내하는 유도등 및 유도표지 설비에 대해 살펴본다.

01 / 유도등

① 정의

유도등이란? 화재 발생 시 피난을 유도하기 위한 등을 말한다.
- 정상상태에서는 상용전원으로 등이 켜진다.
- 정전 시에는 비상전원으로 켜진다.

② 종류

유도등은 설치장소 및 크기에 따라 구분된다.

2-1 유도등의 종류

- 피난구유도등
- 통로유도등

- 거실 통로유도등
- 복도 통로유도등
- 계단 통로유도등
● 객석유도등

피난구유도등   계단통로유도등

유도등(참고 : 119마트)

- 피난구유도등이란? 대피 시 피난구 또는 피난경로로 사용되는 출입구를 표시하여 피난을 유도하는 등을 말한다.
- 통로 유도등이란? 피난통로를 안내하기 위한 유도등을 말한다.
- 객석 유도등 : 공연장, 관람장, 운동장, 집회장 등에 있는 객석의 통로, 바닥 또는 벽에 설치하는 유도등

2-2 통로 유도등의 종류

① 거실 통로유도등 : 거주, 집무, 작업, 오락 그 밖에 이와 유사한 목적을 위하여 사용하는 거실, 주차장 등 개방된 통로에 설치하여 피난방향을 명시하는 유도등.

② 복도 통로유도등 : 피난통로가 되는 복도에 설치하여 피난구의 방향을 명시하는 통로유도등.

③ 계단 통로유도등 : 피난통로가 되는 계단이나 경사로에 설치하여 바닥면 및 디딤 바닥면을 비추는 통로 유도등.

거실 통로유도등(참고 : 일신산전)

③ 유도등의 설치 기준

3-1 피난구 유도등

피난구 유도등은 피난구의 바닥으로부터 높이 1.5[m] 이상의 곳에 설치할 것.

① 옥내로부터 직접 지상으로 통하는 출입구 및 그 부속실의 출입구

② 직통계단 · 직통계단의 계단실 및 그 부속실의 출입구

③ 출입구에 이르는 복도 또는 통로로 통하는 출입구

④ 안전구획된 거실로 통하는 출입구

3-2 통로 유도등

복도, 거실 또는 계단의 통로에 대한 기준

□ 복도 통로유도등

　① 복도에 설치할 것

　② 구부러진 모퉁이 및 보행거리 20[m]마다 설치할 것

　③ 바닥으로부터 높이 1[m] 이하의 위치에 설치할 것.

　　(다만, 지하층 또는 무창층의 용도가 도매시장 · 소매시장 · 여객자동차터미널 · 지하역사 또는 지하상가인 경우에는 복도 · 통로 중앙부분의 바닥에 설치할 것.)

　④ 바닥에 설치하는 통로 유도등은 하중에 따라 파괴되지 아니하는 강도의 것으로 할 것

- 거실 통로유도등
  ① 거실의 통로에 설치할 것.(다만, 거실의 통로가 벽체 등으로 구획된 경우에는 복도통로 유도등을 설치할 것.)
  ② 구부러진 모퉁이 및 보행거리 20[m]마다 설치할 것
  ③ 바닥으로부터 높이 1.5[m] 이상의 위치에 설치할 것.(다만, 거실통로에 기둥이 설치된 경우에는 기둥부분의 바닥으로부터 높이 1.5[m] 이하의 위치에 설치할 수 있다.)

- 계단 통로유도등
  ① 각 층의 경사로참 또는 계단참마다(1개 층에 경사로 참 또는 계단 참이 2 이상 있는 경우에는 2개의 계단참마다)설치할 것.
  * 참이란? 계단이나 경사로 중간에 평평하게 설치하는 공간
  ② 바닥으로부터 높이 1[m] 이하의 위치에 설치할 것

- 통행에 지장이 없도록 설치할 것
- 주위에 이와 유사한 등화·광고물·게시물 등을 설치하지 아니할 것
  ① 조도는 통로유도등의 바로 밑의 바닥으로부터 수평으로 0.5m 떨어진 지점에서 측정하여 $1\ell x$ 이상(바닥에 매설한 것은 통로유도등의 직상부 1m의 높이에서 측정하여 $1\ell x$ 이상)이어야 한다.
  ② 통로 유도등은 백색 바탕에 녹색으로 피난 방향을 표시한 등으로 할 것.
    (다만, 계단에 설치하는 것은 피난의 방향을 표시하지 아니할 수 있다.)

3-3 객석 유도등

- 객석 내의 통로가 경사로 또는 수평로로 되어 있는 부분은 아래 식에 따라 산출한 수(소수점 이하의 수는 1로 본다 : 절상)의 유도등을 설치하고, 그 조도는 통로바닥의 중심선 0.5[m] 높이에서 측정하여 $0.2[\ell x]$ 이상이어야 할 것.

$$\bigstar\ 설치개수\ =\ \frac{객석통로의\ 직선부분\ 길이\ [m]}{4}-1$$

□ 객석 내의 통로가 옥외 또는 이와 유사한 부분에 있는 경우에는 해당 통로 전체에 미칠 수 있는 수의 유도등을 설치하되, 그 조도는 통로바닥의 중심선 0.5[m]의 높이에서 측정하여 0.2[ℓx] 이상이 되어야 할 것.

객석유도등(참고 : 소방마트)

음성점멸유도등(참고 : GS테크)

④ 유도등 전원

상용전원은 축전지설비 및 전기저장장치 또는 교류전압의 옥내간선으로 하고 전원까지 전용배선으로 할 것.

4-1 비상전원 기준

① 축전지로 할 것
② 유도등을 20분 이상 유효하게 작동시킬 수 있는 용량으로 할 것.(다만, 아래 항목의 특정소방대상물의 경우에는 그 부분에서 피난층에 이르는 부분의 유도등을 60분 이상 유효하게 작동시킬 수 있는 용량으로 하여야 한다.)
- 지하층을 제외한 층수가 11층 이상의 건물
- 지하층 또는 무창층으로서 용도가 도매시장·소매시장·여객자동차터미널·지하역사 또는 지하상가

⑤ 유도등 배선

- 유도등의 인입선과 옥내배선은 직접 연결할 것.
- 유도등은 전기회로에 점멸기를 설치하지 아니하고 항상 점등상태를 유지할 것.
  (다만, 특정소방대상물 또는 그 부분에 사람이 없거나 아래 항목의 어느 하나에 해당하는 장소로서 3선식 배선에 따라 상시 충전되는 구조인 경우에는 그러하지 아니하다.)
  - 외부광(光)에 따라 피난구 또는 피난방향을 쉽게 식별할 수 있는 장소.
  - 공연장, 암실(暗室) 등과 같은 어두움이 요구되는 장소.
  - 특정소방대상물의 관계인 또는 종사자가 주로 사용하는 장소

- 3선식 배선
  3선식 배선으로 상시 충전되는 유도등의 전기회로에 점멸기를 설치하는 경우 아래 항목 중 하나만 해당해도 점등될 것.
  ① 자동화재탐지설비의 감지기 또는 발신기가 작동되는 때
  ② 비상경보설비의 발신기가 작동되는 때
  ③ 상용전원이 정전되거나 전원선이 단선되는 때
  ④ 방재업무를 통제하는 곳 또는 전기실의 배전반에서 수동으로 점등하는 때
  ⑤ 자동소화설비가 작동되는 때

02 / 유도표지

1 정의

유도표지란? 화재나 재난 시 피난을 유도하기 위해 표시하는 표지판으로 유도등과 다르게 전원이 필요 없다.

2 종류

유도표지는 설치 위치에 따라 피난구 유도표지와 통로 유도표지로 구분된다.
- 피난구 유도표지 : 피난구 또는 피난경로로 사용되는 출입구를 표시하여 피난을 유도하는 표지
- 통로 유도표지 : 피난통로가 되는 복도, 계단 등에 설치하여 피난구의 방향을 표시하는 표지

3 유도표지 설치 기준

① 계단에 설치하는 것을 제외하고는 각 층마다 복도 및 통로의 각 부분으로부터 하나의 유도표지까지의 보행거리가 15[m] 이하가 되는 곳과 구부러진 모퉁이의 벽에 설치할 것

$$★ \ 설치개수 \ \geq \ \frac{구부러진 \ 곳이 \ 없는 \ 부분의 \ 길이 \ [m]}{15 \ [m]} - 1$$

② 피난구 유도표지는 출입구 상단에 설치하고, 통로 유도표지는 바닥으로부터 높이 1[m] 이하의 위치에 설치할 것

③ 주위에는 이와 유사한 등화·광고물·게시물 등을 설치하지 아니할 것

④ 유도표지는 부착판 등을 사용하여 쉽게 떨어지지 아니하도록 설치할 것

⑤ 축광방식의 유도표지는 외광 또는 조명장치에 의하여 상시 조명이 제공되거나 비상조명등에 의한 조명이 제공되도록 설치 할 것

⑥ 유도표지의 성능
- 방사성물질을 사용하는 유도표지는 쉽게 파괴되지 아니하는 재질로 처리할 것.
- 유도표지는 주위 조도 0[ℓx]에서 60분간 발광 후,
  - 직선거리 20[m] 떨어진 위치에서 보통시력으로 유도표지가 식별되어할 것.
  - 3[m] 거리에서 표시면의 문자 또는 화살표 등을 쉽게 식별할 수 있을 것.
- 유도표지의 표시면은 쉽게 변형·변질 또는 변색되지 아니할 것.
- 유도표지의 표지면의 휘도는 주위 조도 0[ℓx]에서 60분간 발광 후,
  - 휘도 7[mcd/㎡] 이상으로 할 것

유도표지의 크기

구분	가로 길이(mm)	세로 길이(mm)
피난구유도표지	360 이상	120 이상
복도통로유도표지	250 이상	85 이상

03 피난유도선

① 정의

피난유도선이란? 어두운 상태에서 피난을 유도할 수 있도록 띠 형태로 설치되는 피난유도시설을 말한다.

② 종류

피난유도선의 종류는 유도체 방식에 따라 구분된다.

- □ 축광방식 피난유도선

  햇빛이나 전등불의 빛을 흡수하여 모으는 방식으로 전원공급이 필요 없다.

- □ 광원점등방식 피난유도선

  화재신호 또는 수동조작으로 광원을 점등시키는 방식으로 전원 공급이 필요하다.

③ 피난유도선 설치 기준

피난유도선은 제품검사에 합격한 것으로 설치해야 한다.

3-1 축광방식의 피난유도선

① 구획된 각 실로부터 주 출입구 또는 비상구까지 설치할 것.

② 바닥으로부터 높이 50[㎝] 이하의 위치 또는 바닥 면에 설치할 것.

③ 피난유도 표시부는 50[㎝] 이내의 간격으로 연속되도록 설치할 것.

④ 부착대에 의하여 견고하게 설치할 것.

⑤ 외광 또는 조명장치에 의하여 상시 조명이 제공되거나 비상조명등에 의한 조명이 제공되도록 설치할 것.

3-2 광원점등방식의 피난유도선

① 구획된 각 실로부터 주 출입구 또는 비상구까지 설치할 것.
② 피난유도 표시부는 바닥으로부터 높이 1[m] 이하의 위치 또는 바닥 면에 설치할 것.
③ 피난유도 표시부는 50[㎝] 이내의 간격으로 연속되도록 설치하되 실내장식물 등으로 설치가 곤란할 경우 1[m] 이내로 설치할 것.
④ 수신기로부터의 화재신호 및 수동조작에 의하여 광원이 점등되도록 설치할 것.
⑤ 비상전원이 상시 충전상태를 유지하도록 설치할 것.
⑥ 바닥에 설치되는 피난유도 표시부는 매립하는 방식을 사용할 것
⑦ 피난유도 제어부는 조작 및 관리가 용이하도록 바닥으로부터 0.8[m] 이상~1.5[m] 이하의 높이에 설치할 것.

★ 용도 및 종류

설치 장소	유도등 및 유도표지 종류
☐ 공연장, 관람장, 집회장, 운동시설 ☐ 유흥주점영업시설(무대부가 있는 카바레 · 나이트클럽 또는 이와 유사 영업시설만 해당)	• 대형피난구유도등 • 통로 유도등 • 객석 유도등
☐ 위락시설, 판매시설, 운수시설, 관광숙박시설, 의료시설, 장례식장, 방송통신시설, 전시장, 지하상가, 지하철역사	• 대형피난구유도등 • 통로 유도등
☐ 일반숙박시설, 오피스텔 또는 가 · 나 · 다 목 외의 지하층.무창층 및 11층 이상의 부분	• 중형피난구유도등 • 통로 유도등
☐ 근린생활시설(주택용도 제외) · 노유자시설 · 업무시설 · 발전시설 · 종교시설 · 교육연구시설 · 수련시설 · 공장 · 창고시설 · 교정 및 군사시설(국방 · 군사시설 제외) · 기숙사 · 자동차정비공장 · 운전학원 및 정비학원 · 가 · 나 · 다 목 외의 다중이용업소	• 소형피난구유도등 • 통로 유도등
☐ 그 밖의 것	• 피난구유도표지 • 통로 유도표지

비고 : 소방서장은 특별소방대상물의 위치.구조 및 설비의 상황을 판단하여 대형피난유도등을 설치하여야 할 장소에 중형피난유도등 또는 소형피난유도등을, 중형피난유도등을 설치하여야 할 장소에 소형피난유도등을 설치할 수 있다.

거실 통로유도등(참고 : 소방온라인)

★ 유도등 및 유도표지 설치 제외

■ 유도등 설치 제외

▫ 피난구유도등 설치 제외

① 바닥면적이 1,000[㎡] 미만인 층으로서 옥내로부터 직접 지상으로 통하는 출입구(외부의 식별이 용이한 경우에 한한다)

② 거실 각 부분으로부터 쉽게 도달할 수 있는 출입구

③ 거실 각 부분으로부터 하나의 출입구에 이르는 보행거리가 20[m] 이하이고 비상조명등과 유도표지가 설치된 거실의 출입구

④ 출입구가 3 이상 있는 거실로서 그 거실 각 부분으로부터 하나의 출입구에 이르는 보행거리가 30[m] 이하인 경우에는 주된 출입구 2개소 외의 출입구(유도표지가 부착된 출입구를 말한다).(다만, 공연장·집회장·관람장·전시장·판매시설·운수시설·숙박시설·노유자시설·의료시설·장례식장의 경우에는 그러하지 아니하다.)

▫ 통로 유도등 설치 제외

① 구부러지지 아니한 복도 또는 통로로서 길이가 30[m] 미만인 복도 또는 통로

② ①에 해당되지 않는 복도 또는 통로로서 보행거리가 20[m] 미만이고 그 복도 또는 통로와 연결된 출입구 또는 그 부속실의 출입구에 피난구유도등이 설치된 복도 또는 통로

□ 객석 유도등 설치 제외

① 주간에만 사용하는 장소로서 채광이 충분한 객석

② 거실 등의 각 부분으로부터 하나의 거실 출입구에 이르는 보행거리가 20[m] 이하인 객석의 통로로서 그 통로에 통로유도등이 설치된 객석

◼ 유도표지 설치 제외

□ 유도등이 피난유도등, 통로유도등의 설치기준에 적합하게 설치된 출입구 · 복도 · 계단 및 통로

□ 아래 항목에 해당하는 출입구 · 복도 · 계단 및 통로

① 바닥면적이 1,000[㎡] 미만인 층으로서 옥내로부터 직접 지상으로 통하는 출입구(외부의 식별이 용이한 경우에 한한다)

② 거실 각 부분으로부터 쉽게 도달할 수 있는 출입구

③ 거실 각 부분으로부터 하나의 출입구에 이르는 보행거리가 20[m] 이하이고 비상조명등과 유도표지가 설치된 거실의 출입구

④ 구부러지지 아니한 복도 또는 통로로서 길이가 30[m] 미만인 복도 또는 통로

⑤ ④에 해당되지 않는 복도 또는 통로로서 보행거리가 20[m] 미만이고 그 복도 또는 통로와 연결된 출입구 또는 그 부속실의 출입구에 피난구유도등이 설치된 복도 또는 통로

연·습·문·제

01 화재 발생 시 건물 내의 재실자에게 안전하게 대피할 수 있도록 출구인 피난구 또는 피난 방향을 안내하는 설비의 명칭?

① 유도등, 유도표지
② 표시등, 유도표시
③ 유도등, 객석표시등
④ 객석표지, 유도표지

해설 유도등 및 유도표지 설비

유도등 및 유도표지란? 화재 발생 시 건물 내의 재실자에게 안전하게 대피할 수 있도록 출구인 피난구 또는 피난 방향을 안내하는 설비를 말한다.

정답 ①

02 유도등의 종류 2가지를 쓰시오.

해설 유도등 종류

유도등은 설치장소 및 크기에 따라 종류에는 피난구 유도등과 통로 유도등으로 구분된다.

정답 피난구 유도등, 통로 유도등

03 다음 중 통로 유도등이 아닌 것은?

① 거실 통로유도등
② 복도 통로유도등
③ 계단 통로유도등
④ 객석 유도등

해설 통로 유도등

① 거실 통로유도등 : 거주, 집무, 작업, 오락 그 밖에 이와 유사한 목적을 위하여 사용하는 거실, 주차장 등 개방된 통로에 설치하여 피난방향을 명시하는 통로 유도등.
② 복도 통로유도등 : 피난통로가 되는 복도에 설치하여 피난구의 방향을 명시하는 통로 유도등.
③ 계단 통로유도등 : 피난통로가 되는 계단이나 경사로에 설치하여 바닥면 및 디딤 바닥면을 비추는 통로 유도등.
④ 객석 유도등 : 공연장, 관람장, 운동장, 집회장 등에 있는 객석의 통로, 바닥 또는 벽에 설치하는 유도등

정답 ④

04 피난구 유도등의 설치 높이는?

① 피난구의 바닥으로부터 높이 0.8[m] 이상인 곳

② 피난구의 바닥으로부터 높이 1.5[m] 이상인 곳

③ 피난구의 바닥으로부터 높이 1.8[m] 이상인 곳.

③ 피난구의 바닥으로부터 높이 2.5[m] 이상인 곳

해설 피난구 유도등의 설치 높이

피난구 유도등은 피난구의 바닥으로부터 높이 1.5[m] 이상의 곳에 설치할 것.

정답 ②

05 통로 유도등 중 복도 통로유도등과 거실 통로유도등의 설치 높이는 바닥으로부터 각각 얼마인가?

① 0.5[m] 이하, 1.5[m] 이상　　　② 0.8[m] 이하, 1.5[m] 이상

③ 1[m] 이하, 1.5[m] 이상　　　④ 1[m] 이하, 2.5[m] 이상

해설 － 복도 및 계단 통로 유도등은 바닥으로부터 1[m] 이하의 높이에 설치할 것.

－ 피난구 유도등, 거실 통로유도등은 바닥으로부터 1.5[m] 이상의 높이에 설치할 것.

정답 ③

06 통로 유도등 중 복도 통로유도등과 거실 통로유도등은 구부러진 모퉁이 및 보행거리 얼마마다 설치해야 하는가?

① 20[m]마다　　　　　　　　② 30[m]마다

③ 40[m]마다　　　　　　　　④ 50[m]마다

해설 통로 유도등 설치

복도 통로유도등과 거실 통로유도등은 구부러진 모퉁이 및 보행거리 20[m]마다 설치

정답 ①

07 **통로 유도등의 바탕 색상과 방향표시 색상으로 옳은 것은?**

① 녹색, 백색   ② 백색, 녹색

③ 녹색, 녹색   ④ 백색, 적색

> **해설** 유도등의 색상
>
> 통로 유도등은 백색 바탕에 녹색으로 피난 방향을 표시한 등으로 할 것.
> (다만, 계단에 설치하는 것은 피난의 방향을 표시하지 아니할 수 있다.)

> **정답** ②

08 **객석 유도등의 조도에 대한 설치기준으로 옳은 것은?**

① 통로바닥의 중심선 0.5[m] 높이에서 측정하여 0.2[ℓx] 이상일 것.

② 통로바닥의 중심선 0.5[m] 높이에서 측정하여 0.5[ℓx] 이상일 것.

③ 통로바닥의 중심선 1.5[m] 높이에서 측정하여 0.2[ℓx] 이상일 것.

④ 통로바닥의 중심선 1.5[m] 높이에서 측정하여 0.5[ℓx] 이상일 것.

> **해설** 객석 유도등의 조도
>
> 조도는 통로바닥의 중심선 0.5[m] 높이에서 측정하여 0.2[ℓx] 이상이어야 할 것.

> **정답** ①

09 **유도등의 상용전원을 쓰시오.**

> **해설** 유도등 상용전원
>
> 상용전원은 축전지설비 및 전기저장장치 또는 교류전압의 옥내간선으로 하고 전원까지 전용배선으로 할 것

> **정답** 축전지설비, 전기저장장치(ESS), 교류전압의 옥내간선

10 유도등의 비상전원은?

① 자가발전설비   ② 축전지

③ 비상전원수전설비   ④ 전기저장장치

해설 비상전원 기준

축전지로 할 것

정답 ②

비상조명등 및 휴대용 비상조명등

 개요

1) 비상조명등이란? 화재 및 재난 발생 시 단락 · 지락 등으로 인한 정전 상태에서도 안전한 피난 활동을 할 수 있도록 거실 및 피난통로 등에 설치하여 자동으로 점등되도록 하는 조명등이다.

비상조명등(참조 : 한국소방공사)

2) 휴대용 비상조명등이란? 화재 발생 등으로 인한 정정 시 안전하고 원활한 피난을 위하여 피난 자가 휴대할 수 있도록 비치해 놓은 조명등이다.

휴대용 비상조명등(참조 : 신영)

② 설치 대상

2-1 비상조명등 설치 대상

① 지하층을 포함한 층수가 5층 이상인 건축물 : 연면적 $3000\,[m^2]$ 이상인 곳.

② 지하층 또는 무창층 : 바닥면적이 $450\,[m^2]$ 이상인 곳.

　(지하층을 포함 층수가 5층 이상인 건축물을 제외)

③ 지하가 중 터널 : 길이가 500[m] 이상

④ 다중이용업소에 유도등, 유도표지 또는 비상조명등 설치할 것.

★ 요약
- 5층 이상인 연면적 $3000\,[m^2]$ 이상
- 지하층·무창층 바닥면적이 $450\,[m^2]$ 이상
- 터널 길이 500[m] 이상

2-1-1 설치 제외

① 거실의 각 부분으로부터 하나의 출입구까지 보행거리가 15[m] 이내인 곳.

② 경기장·공동주택·의원·의료시설·학교의 거실

③ 창고시설 중 : 창고 및 하역장

④ 위험물 저장 및 처리 시설 중 : 가스시설

2-2 휴대용 비상조명등 설치 대상

☐ 1개 이상 설치
　① 다중이용업소
　② 일반 및 관광 숙박시설 전체

☐ 3개 이상 설치
　③ 수용인원 100명 이상의 백화점, 쇼핑센터, 영화상영관
　④ 지하상가, 지하역사

2-2-1 설치 제외

① 피난구유도등 또는 통로유도등을 설치한 경우(조도가 바닥에서 1[lx] 이상)에는 그 유도등의 유효범위에서는 설치 면제할 수 있다.

② 지상 1층 또는 피난층으로서 복도·통로 또는 창문 등의 개구부를 통하여 피난이 용이한 경우

③ 숙박시설로서 복도에 비상조명등을 설치한 경우

③ 설치 기준

3-1 비상조명등 설치 기준

① 각 거실로부터 지상에 이르는 복도, 계단 및 그 밖의 통로에 설치할 것.

② 조도는 비상조명등이 설치된 바닥에서 1[lx] 이상일 것.

③ 예비전원 내장용 비상조명등
- 점등 여부 확인용 점검스위치 설치
- 축전지와 예비전원(용량 : 조명등을 20분 이상 작동) 충전장치 내장

④ 예비전원이 없는 비상조명등의 비상전원
- □ 자가발전설비 또는 축전지설비 설치기준
- 점검이 편리하고 화재 및 침수 등의 피해로부터 영향을 받지 않는 곳에 설치.
- 상용전원 정전 시 비상전원으로 자동절환이 기능할 것.
- 비상전원 설치 장소는 다른 장소와 방화구획할 것.
- 비상전원 실내 설치 시 비상조명등을 설치할 것.

⑤ 다음 특정소방대상물의 경우 비상조명등의 용량은 60분 이상 유효하게 작동할 것.
- 지하층을 제외한 층수가 11층 이상
- 지하층 또는 무창층으로 도매시장, 소매시장, 지하상가, 지하역사, 여객자동차터미널 용도인 곳.

비상조명등의 비상전원 용량

설치 장소	비상전원 작동시간
• 일반적인 장소(예비전원 내장)	20분
• 11층 이상(지하층 제외) • 지하층 또는 무창층(도매시장, 소매시장, 지하상가, 지하역사, 여객자동차터미널)	60분

⑥ 비상점등회로의 보호 :

- 비상조명등은 비상점등을 위하여 비상전원으로 전환되는 경우 비상점등 회로로 정격전류의 1.2배 이상의 전류가 흐르거나 램프가 없는 경우에는 3초 이내에 예비전원으로부터 비상전원 공급을 차단해야한다.

3-2 휴대용 비상조명등 설치 기준

① 설치장소
- 숙박시설 또는 다중이용업소 : 객실 또는 구획된 실마다 잘 보이는 곳에 1개 이상 설치. (외부설치 시 출입문 손잡이로부터 1[m] 설치)
- 수용인원 100명 이상의 백화점, 쇼핑센터, 영화상영관 : 보행거리 50[m] 이내마다 3개 이상 설치.
- 지하상가 및 지하역사 : 25[m] 이내마다 3개 이상 설치.

② 설치높이 : 바닥으로부터 0.8[m] 이상~1.5[m] 이하의 높이에 설치.

③ 어두운 곳에서도 위치를 확인할 수 있도록 할 것.

④ 사용을 위한 분리 시 자동으로 점등될 것.

⑤ 외함은 난연성능이 있을 것.

⑥ 건전지 : 방전방지조치 기능, 충전식 배터리 : 상시충전 기능

⑦ 건전지 및 충전식 배터리의 용량 : 20분 이상 유효하게 작동

4 성능 기준

4-1 비상조명등 외함

□ 방청 가공된 금속판
  - 방청 가공된 금속판 : 두께 0.5[mm] 이상
  - 20[W]용 형광램프 내장 : 두께 0.7[mm] 이상
  - 40[W]용 형광램프 내장 : 두께 1.0[mm] 이상
□ 내열성 강화유리 : 두께 3.0[mm] 이상
□ 난연재료 또는 방염성능 합성수지 : 두께 3.0[mm] 이상
  - $80\,^{\circ}C$ 이상의 온도에서 변형이 없고 자기소화성

4-2 일반구조

① 상용전원 전압의 110[%] 범위 내에서 내부의 온도상승이 그 기능에 영향을 주지 않을 것.
② 사용전압 : 300[V] 이하(충전부가 노출되지 않은 경우 : 300[V] 가능)

4-3 수납구조

① 전원함 : 불연재료 또는 난연재료
② 광원과 전원부 간의 배선 길이 : 1[m] 이하
③ 배선 : 견고한 것.

00 화재 및 재난 발생 시 단락·지락 등으로 인한 정전 상태에서도 안전한 피난활동을 할 수 있도록 거실 및 피난통로 등에 설치하여 자동으로 점등하는 장치의 명칭은?

해설 비상조명등이란? 화재 및 재난 발생 시 단락·지락 등으로 인한 정전상태에서도 안전한 피난 활동을 할 수 있도록 거실 및 피난통로 등에 설치하여 자동으로 점등되도록 하는 조명등이다.

정답 비상조명등

01 지하가 중 터널의 길이 몇 [m] 이상인 경우 비상조명등을 설치해야 하는가?
① 500[m] 이상
② 700[m] 이상
③ 1000[m] 이상
④ 15000[m] 이상

해설 비상조명등 설치대상
– 지하가 중 터널 : 길이가 500[m] 이상

정답 ①

02 다음 중 비상조명등 설치대상으로 옳지 않은 것은?
① 지하층을 포함한 층수가 11층 이상인 건축물 : 연면적 $3000[m^2]$ 이상인 곳.
② 지하층 또는 무창층 : 바닥면적이 $450[m^2]$ 이상인 곳.
③ 지하가 중 터널 : 길이가 500[m] 이상
④ 다중이용업소에 유도등, 유도표지 또는 비상조명등 설치할 것.

해설 비상조명등 설치대상
– 지하층을 포함한 층수가 5층 이상인 건축물 : 연면적 $3000[m^2]$ 이상인 곳.
– 지하층 또는 무창층 : 바닥면적이 $450[m^2]$ 이상인 곳.
  (지하층을 포함 층수가 5층 이상인 건축물을 제외)
– 지하가 중 터널 : 길이가 500[m] 이상
– 다중이용업소에 유도등, 유도표지 또는 비상조명등 설치할 것.

정답 ①

03 휴대용 비상조명등을 3개 이상 설치해야 하는 대상으로 옳지 않은 곳은?

① 지하상가, 지하역사　　　　　　② 백화점, 쇼핑센터,

③ 영화상영관　　　　　　　　　　④ 숙박시설

해설 휴대용 비상조명등 설치대상
- □ 1개 이상 설치
  - 다중이용업소
  - 일반 및 관광 숙박시설 전체
- □ 3개 이상 설치
  - 수용인원 100명 이상의 백화점, 쇼핑센터, 영화상영관
  - 지하상가, 지하역사

정답 ④

04 다중이용업소, 숙박시설에서의 휴대용 비상조명등 설치 개수는?

① 1개 이상　　　　　　　　　　② 2개 이상

③ 3개 이상　　　　　　　　　　④ 4개 이상

해설 휴대용 비상조명등 설치대상
다중이용업소, 일반 및 관광 숙박시설 전체에 대한 휴대용 비상조명등은 1개 이상 설치할 것.

정답 ①

05 휴대용 비상조명등을 보행거리 50[m] 이내마다 3개 이상 설치해야하는 장소는?

① 지하상가, 지하역사　　　　　　② 백화점, 쇼핑센터, 영화상영관

③ 다중이용업소　　　　　　　　　④ 숙박시설

해설 휴대용 비상조명등 설치대상
- □ 3개 이상 설치
  - 수용인원 100명 이상의 백화점, 쇼핑센터, 영화상영관 : 보행거리 50[m] 이내마다
  - 지하상가, 지하역사 : 보행거리 25[m] 이내마다

정답 ②

06 휴대용 비상조명등의 설치 대상에 해당하는 곳은?

① 종합병원
② 숙박시설
③ 노유자시설
④ 집회장

정답 ②

07 휴대용 비상조명등 설치 기준 중 아래 (　　)안에 알맞은 것은?

> 지하상가 및 지하역사에는 보행거리 (　a　)[m] 이내마다 (　b　)개 이상 설치할 것.

① a : 25, b : 1
② a : 25, b : 3
③ a : 50, b : 1
④ a : 50, b : 3

해설 휴대용 비상조명등 설치 대상

□ 3개 이상 설치
- 수용인원 100명 이상의 백화점, 쇼핑센터, 영화상영관 : 보행거리 50[m] 이내마다
- 지하상가, 지하역사 : 보행거리 25[m] 이내마다

정답 ②

08 지하층 또는 무창층의 도매시장 등에 설치하는 비상조명등의 용량에 대한 유효 작동시간은?

① 10분 이상
② 20분 이상
③ 30분 이상
④ 60분 이상

해설 비상조명등의 용량

특정소방대상물의 경우 비상조명등의 용량은 60분 이상 유효하게 작동할 것.
- 지하층을 제외한 층수가 11층 이상
- 지하층 또는 무창층으로 도매시장, 소매시장, 지하상가, 지하역사, 여객자동차터미널 용도인 곳.

정답 ④

09 비상조명등을 60분 이상 유효하게 작동되는 용량을 확보해야 하는 장소가 아닌 곳은?

① 지하층을 제외한 층수가 11층 이상

② 지하층 또는 무창층으로 지하상가, 지하역사, 여객자동차터미널 용도인 곳.

③ 무창층으로 무도장인 곳.

④ 지하층으로 도매시장, 소매시장 용도인 곳.

> **해설** 비상조명등의 용량
>
> 특정소방대상물의 경우 비상조명등의 용량은 60분 이상 유효하게 작동할 것.
> - 지하층을 제외한 층수가 11층 이상
> - 지하층 또는 무창층으로 도매시장, 소매시장, 지하상가, 지하역사, 여객자동차터미널 용도
>   인 곳.

정답 ③

10 비상조명등 설치 기준으로 옳지 않은 것은?

① 소방대상물의 각 거실로부터 지상으로 통하는 복도, 계단 및 그 밖의 통로에 설치할 것.

② 조도는 비상조명등이 설치된 바닥에서 0.5[lx] 이상일 것.

③ 예비전원 내장 시에는 비상조명등 점등 여부 확인용 점검스위치 설치

④ 축전지와 예비전원(용량 : 조명등을 20분 이상 작동) 충전장치 내장

> **해설** 비상조명등 설치 기준
> - 각 거실로부터 지상에 이르는 복도, 계단 및 그 밖의 통로에 설치할 것.
> - 조도는 비상조명등이 설치된 바닥에서 1[lx] 이상일 것.
> - 예비전원 내장용 비상조명등
> - 점등 여부 확인용 점검스위치 설치
> - 축전지와 예비전원(용량 : 조명등을 20분 이상 작동) 충전장치 내장

정답 ②

11 비상조명등 비상점등회로의 보호를 위한 기준 중 아래 (   ) 안에 알맞은 것은?

> 비상조명등은 비상점등을 위하여 비상전원으로 전환되는 경우 비상점등 회로로 정격전류의
> (a)배 이상의 전류가 흐르거나 램프가 없는 경우에는 (b)초 이내에 예비전원으로부터 비상전
> 원 공급을 차단해야한다.

① a : 2, b : 1   ② a : 1.2, b : 3
③ a : 3, b : 1   ④ a : 2.1, b : 5

해설 비상점등회로 보호

  – 비상조명등은 비상점등을 위하여 비상전원으로 전환되는 경우 비상점등 회로로 정격전류의
    1.2배 이상의 전류가 흐르거나 램프가 없는 경우에는 3초 이내에 예비전원으로부터 비상전
    원 공급을 차단해야한다.

정답 ②

12 휴대용 비상조명등의 적합한 설치 기준이 아닌 것은?

① 숙박시설 또는 다중이용업소 : 객실 또는 구획된 실마다 잘 보이는 곳에 1개 이상 설치.
② 수용인원 100명 이상의 백화점, 쇼핑센터, 영화상영관 : 보행거리 50[m] 이내마다 3개 이
   상 설치.
③ 지하상가 및 지하역사 : 25[m] 이내마다 3개 이상 설치.
④ 설치 높이는 바닥으로부터 1.0[m] 이상~1.5[m] 이하의 높이에 설치.

해설 휴대용 비상조명등 설치 기준

  ① 설치 장소

    – 숙박시설 또는 다중이용업소 : 객실 또는 구획된 실마다 잘 보이는 곳에 1개 이상 설치.
      (외부설치 시 출입문 손잡이로부터 1[m] 설치)

    – 수용인원 100명 이상의 백화점, 쇼핑센터, 영화상영관 : 보행거리 50[m] 이내마다 3개
      이상 설치.

    – 지하상가 및 지하역사 : 25[m] 이내마다 3개 이상 설치.

② 설치높이 : 바닥으로부터 0.8[m] 이상~1.5[m] 이하의 높이에 설치.

③ 어두운 곳에서도 위치를 확인할 수 있도록 할 것.

④ 사용을 위한 분리 시 자동으로 점등될 것.

⑤ 외함은 난연성능이 있을 것.

⑥ 건전지 : 방전방지조치 기능, 충전식 배터리 : 상시충전 기능

⑦ 건전지 및 충전식 배터리의 용량 : 20분 이상 유효하게 작동

정답 ④

05

소화활동설비

비상콘센트설비

 개요

건축물의 화재 발생 시 화재로 인해 단락·지락 등에 의해 소방활동을 위한 전원공급이 차단되는 경우가 발생된다. 또한 외부로부터 전원을 공급받는데 어려움을 수반된다. 이를 극복하기 위해 일정규모 이상의 건축물에는 소화활동에 필요한 전원을 공급받을 수 있도록 비상콘센트 설비를 설치해야한다.

2 정의

비상콘센트설비란? 화재 발생 시 일반전원이 차단되더라도 소방대의 소방활동장비에 필요한 전원을 전용회선으로 공급하는 설비이다.

전원에서 비상콘센트까지 전선은 내화전선을 사용하며 배선은 전용배선으로 접속한다.

1) 인입개폐기란? 설비 사용을 위해 전력회사로부터 전력을 공급받는 입구에 설치하는 개폐기

2) 저압이란? 직류DC는 750[V] 이하, 교류AC는 600[V] 이하인 전압.

3) 고압이란? 직류DC는 750[V] 초과, 교류AC는 600[V] 초과에서 7,000[V] 이하인 전압.

4) 특별고압이란? 7,000[V] 초과인 전압.

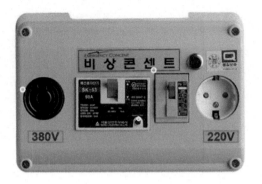 

비상콘센트(참고 : 서울산전(주))

③ 비상콘센트설비 구성

- 교류AC 220[V] 상용전원
- 단상 교류AC 220[V] 콘센트
- 비상전원
- 비상콘센트 보호함
- 간선 계폐기 및 차단기
- 분기 계폐기 및 차단기
- 위치표시등

④ 설치 대상

① 지하층을 포함 11층 이상의 특정소방대상물에 층마다 설치
② 지하층수가 3층 이상이고 지하층 바닥면적이 $1000[m^2]$ 이상인 경우 지하층 전체 설치
③ 지하가중 터널의 길이가 $500[m]$ 이상인 경우 설치

구분	설치 조건
• 11층 이상(지하층 포함) 특정소방대상물	11층 이상인 층마다
• 지하 3층 이상이고, 지하층의 바닥면적이 $1000[m^2]$ 이상	지하층 전체
• 터널	$500[m]$ 이상

⑤ 설치 기준

5-1 비상콘센트 전원 설치 기준

비상콘센트의 전원에는 상용전원과 비상전원으로 구분된다.

5-1-1 상용전원

상용전원회로의 배선은 저압수전, (특별)고압수전으로 구분되며 전용배선을 사용한다.
① 저압수전 : 인입개폐기의 직후에서 분기한다.
② 고압수전 또는 특별고압수전 : 전력용변압기 2차 측의 주차단기 1차 또는 2차 측에서 분기한다.

5-1-2 비상전원

비상전원의 종류, 설치 및 면제 대상에 대해 살펴본다.
① 비상전원 종류 : 비상콘센트의 비상전원으로 설치 가능한 설비 종류
  • 자가발전설비
  • 축전지설비
  • 비상전원수전설비
  • 전기저장장치
② 비상전원 설치 기준
  • 점검이 편리하고 화재 및 침수 등의 재해로 인한 피해를 받을 우려가 없는 곳에 설치
  • 비상콘센트설비를 유효하게 20분 이상 작동시킬 수 있는 용량일 것.
  • 상용전원의 전력공급 중단 시 비상전원으로 자동절환 되도록 할 것.

- 비상전원의 설치장소는 다른 장소와 방화구획할 것.
- 비상전원을 실내에 설치 시 해당 실내에 비상조명등을 설치할 것.

③ 설치대상 :
- 지하층을 제외한 층수가 7층 이상으로 연면적이 2000$[m^2]$ 이상
- 지하층의 바닥면적의 합계가 3000$[m^2]$ 이상
  (다만, 차고, 주차장, 보일러실, 기계실, 전기실의 바닥면적은 제외)

④ 면제대상 :
- 2곳 이상의 변전소에서 동시에 전력공급을 받는 경우에 한 곳의 전력공급 중단 시 다른 변전소로 자동절환되어 전력을 공급받을 수 있도록 상용전원을 설치한 경우에는 비상전원을 면제할 수 있다.

5-2 비상콘센트 전원회로 설치 기준

비상콘센트의 전원회로에 대한 설치 기준을 살펴본다.

5-2-1 전원의 전압 및 용량 기준

① 단상 교류AC 220[V] : 용량 1.5[KVA] 이상
② 3상 교류AC 380[V] : 용량 3.0[KVA] 이상

5-2-2 전원회로 설치 기준

① 전원회로는 각 층에 2개 회로 이상이 되도록 설치할 것.
   (다만, 층의 비상콘센트가 1개인 경우는 1개 회로로 할 수 있다.)
② 전원회로는 주배전반에서 전용회로로 할 것.
   (다만, 다른 설비회로의 시고에 영향을 받지 않는 것은 예외)
③ 각 층의 비상콘센트가 전원으로부터 분기되는 경우에는 분기배선용 차단기를 보호함에 설치할 것.
④ 비상콘센트마다 충전부가 노출되지 않게 배선용 차단기를 설치할 것.
⑤ 개폐기에 비상용콘센트라는 표지로 표시할 것.
⑥ 비상콘센트용의 풀박스 등은 방청도장으로 하며 두께 1.6[mm] 이상의 철판으로 할 것.

⑦ 전용회로 하나당 비상콘센트는 10개 이하로 하며 전선의 용량은 각 비상콘센트(비상콘센트가 3개 이상인 경우에는 3개)의 공급용량을 합한 용량 이상의 것으로 할 것.

☆ 비상콘센트 개수 당 전선의 용량
- 비상콘센트 1개인 경우 전선의 용량 : 단상 1.5[KVA] 이상
- 비상콘센트 2개인 경우 전선의 용량 : 3.0[KVA] 이상
- 비상콘센트 3~10개인 경우 전선의 용량 : 4.5[KVA] 이상

비상콘센트 개수 당 전선의 용량

비상콘센트 개수	전선의 용량
1개	단상 1.5[KVA] 이상
2개	3.0[KVA] 이상
3~10개	4.5[KVA] 이상

5-2-3 플러그접속기 설치 기준

① 비상용콘센트의 플러그접속기는 접지형 2극 플러그접속기를 사용할 것.
② 비상용콘센트의 플러그접속기의 칼받이 접지극에는 접지공사를 할 것.

5-3 비상콘센트 설치 기준

5-3-1 비상콘센트 설치 높이

바닥으로부터 0.8[m]이상~1.5[m] 이하에 설치할 것.

5-3-2 비상콘센트의 배치

① 아파트 또는 바닥면적이 $1000[m^2]$ 미만인 층
- 계단의 출입구로부터 5[m] 이내에 설치할 것.
- 계단의 부속실을 포함하여 계단이 2계단 이상인 경우에는 그 중 1개의 계단에 설치할 것.

② 아파트 제외, 바닥면적이 $1000[m^2]$ 이상인 층

- 각계단의 출입구 또는 계단부속실의 출입구로부터 5[m] 이내에 설치할 것.
- 계단의 부속실을 포함하여 계단이 3계단 이상인 경우에는 그 중 2개의 계단에 설치할 것.

5-3-3 비상콘센트 이격거리

하나의 비상콘센트로부터 해당 층의 각 부분까지의 거리

① 지하상가 또는 지하층의 바닥면적 합계가 $3000[m^2]$ 이상인 경우는 수평거리 25[m]

② 그 밖의 경우는 수평거리 50[m]

5-4 비상콘센트 보호함 설치 기준

5-4-1 비상콘센트를 보호하기 위한 보호함

① 보호함을 쉽게 개폐할 수 있는 문을 설치할 것.

② 보호함 외부에 비상콘센트라고 표시한 표지를 할 것.

③ 보호함 상부에 적색 표시등을 설치할 것.(다만, 비상콘센트 보호함을 옥내소화전함 등과 접속하여 설치하는 경우에는 옥내소화전함의 표시등과 겸용할 수 있다.)

비상콘센트 보호함

5-5 절연 저항 및 내력

5-5-1 절연저항

전원부와 외함 간에 직류DC 500[V]의 절연저항계로 측정하는 경우 $20[M\Omega]$ 이상의 저항값일 것.

5-5-2 절연내력

① 전원부와 외함 간에 실효전압을 인가하는 경우 1분 이상 견뎌야한다.

- 정격전압이 150[V] 이하인 경우 : 실효전압 1000[V] 인가 시 1분 이상 견뎌야할 것.
- 정격전압이 150[V] 이상인 경우 : 실효전압으로 (정격전압×2)+1000[V] 인가 시 1분 이상 견뎌야할 것.

01 비상콘센트설비의 설치 기준에서 하나의 전용회로에 설치하는 비상콘센트는 몇 개 이하로 하여야 하는가?

① 2
② 3
③ 10
④ 20

해설 전용회로 하나당 비상콘센트 설치 개수

전용회로 하나당 비상콘센트는 10개 이하로 하며 전선의 용량은 각 비상콘센트(비상콘센트가 3개 이상인 경우에는 3개)의 공급용량을 합한 용량 이상의 것으로 할 것.

정답 ③

02 비상콘센트에 사용할 수 있는 플러그 접속기의 종류는?

① 접지형 3극
② 비접지형 3극
③ 접지형 2극
④ 비접지형 2극

해설 플러그 접속기 설치 기준

비상용콘센트의 플러그 접속기는 접지형 2극 플러그 접속기를 사용할 것.

정답 ③

03 비상콘센트설비에서 비상전원의 유효 작동시간은 몇분 이상인가?

① 10분
② 20분
③ 30분
④ 60분

해설 비상전원의 작동시간 문제

비상콘센트설비를 유효하게 20분 이상 작동시킬 수 있는 용량일 것.

정답 ②

04 비상콘센트 전원회로 설치 기준으로 옳지 않는 것은?

① 전원회로는 각 층에 2개 회로 이상이 되도록 설치할 것.

② 전원회로는 주배전반에서 전용회로로 할 것.

③ 비상콘센트가 전원으로부터 분기되는 경우에는 분기배선용 차단기를 보호함에 설치할 것.

④ 개폐기에 비상용콘센트라는 표지로 표시할 것.

> **해설** 비상콘센트 전원회로의 설치 기준 문제
>
> ① 전원회로는 각 층에 2개 회로 이상이 되도록 설치할 것.
>   (다만, 층의 비상콘센트가 1개인 경우는 1개 회로로 할 수 있다.)
> ② 전원회로는 주배전반에서 전용회로로 할 것.
>   (다만, 다른 설비회로의 사고에 영향을 받지 않는 것은 예외)
> ③ 각 층의 비상콘센트가 전원으로부터 분기되는 경우에는 분기배선용 차단기를 보호함에 설치할 것.
> ④ 비상콘센트마다 충전부가 노출되지 않게 배선용 차단기를 설치할 것.
> ⑤ 개폐기에 비상용콘센트라는 표지로 표시할 것.
> ⑥ 비상콘센트용의 풀박스 등은 방청도장으로 하며 두께 1.6[mm] 이상의 철판으로 할 것.

> **정답** ③

05 비상콘센트설비를 보호하기 위한 보호함에 대한 기준으로 옳지 않는 것은?

① 보호함을 쉽게 개폐할 수 있는 문을 설치할 것.

② 보호함 외부에 비상콘센트라고 표시한 표지를 할 것.

③ 보호함 상부에 적색 표시등을 설치할 것.

④ 비상콘센트 보호함의 표시등은 옥내소화전함과 접속하여 설치하는 경우에는 옥내소화전함의 표시등과 겸용할 수 없다.

> **해설** 비상콘센트설비 보호함
>
> ① 보호함을 쉽게 개폐할 수 있는 문을 설치할 것.
> ② 보호함 외부에 비상콘센트라고 표시한 표지를 할 것.
> ③ 보호함 상부에 적색 표시등을 설치할 것.(다만, 비상콘센트 보호함을 옥내소화전함 등과 접속하여 설치하는 경우에는 옥내소화전함의 표시등과 겸용할 수 있다.)

> **정답** ④

07 **비상콘센트용의 풀박스 등의 두께 및 재질로 각각 옳은 것은?**

① 두께 : 1.6[mm] 이상, 재질 : 철판 ② 두께 : 1.6[mm] 이상, 재질 : 합성수지

③ 두께 : 3.0[mm] 이상, 재질 : 철판 ④ 두께 : 3.0[mm] 이상, 재질 : 합성수지

해설 비상콘센트용의 풀박스

비상콘센트용의 풀박스 등은 방청도장으로 하며 두께 1.6[mm] 이상의 철판으로 할 것.

정답 ①

무선통신보조설비

개요

터널, 지하층 등과 같은 특정소방대상물에서 화재 발생 시 전파의 특성상 교신이 어렵다. 이를 보완하기 위해 누설동축케이블이나 안테나를 설치하여 무선통신이 원활이 이루어지도록 돕는 소화활동설비가 필요하다.

2 정의

무선통신보조설비란? 지하 또는 통신상태가 양호하지 않은 실내공간에서 통신 상태를 개선시킴으로써 소방활동 시 소방대 상호간의 무선통신을 원활하도록 하는 설비이다.

1) 누설동축케이블이란? 동축케이블의 외부도체에 슬롯(홈)을 만들어 전파가 외부로 누설될 수 있도록 만든 케이블이다.

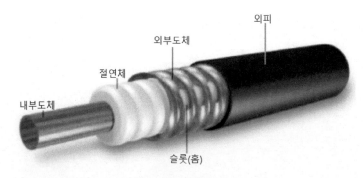

누설동축케이블(방사형)

2) 무반사 종단저항이란? 누설동축케이블로 전송된 전파는 케이블의 종단(끝)에서 송신부로 반사되어 교신 전파를 방해한다. 따라서 누설동축케이블의 종단에서 반사되는 전파를 제거하기 위해 케이블 끝에 설치하는 저항을 말한다.

무반사 종단저항(참고 : 알파전기몰)

3) 분배기란? 신호의 전송로가 분기되는 장소에 설치하여 신호의 균등분배와 임피던스를 매칭(Matching)시키기 위해 사용하는 장치이다.

분배기(참고 : 로브컴퍼니)

4) 분파기란? 서로 다른 주파수들이 동시에 합성된 신호로 존재하는 경우 주파수를 분리하기 위해 사용하는 장치이다.

5) 혼합기란? 둘 이상의 입력신호를 원하는 비율로 조합해서 출력시키기 위한 장치이다.

6) 증폭기란? 신호 전송 시 약해진 신호의 전압·전류의 진폭을 키워 전송시키기 위한 장치이다.

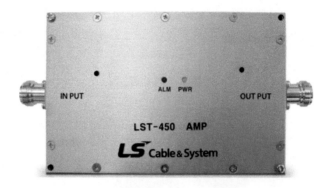

증폭기(참고 : LS산전)

7) 무선중계기란? 안테나를 통해 수신된 무전기 신호를 다시 증폭시킨 후 음영지역에 재방사하여 무전기 상호간에 송수신이 가능하도록 하는 장치이다.

8) 옥외안테나란? 감시제어반 등에 설치된 무선중계기의 입력과 출력포트에 연결되어 송수신신호를 원활하게 방사·수신하기 위해 옥외에 설치하는 장치이다.

예제 **무반사통신보조설비에 사용되는 무반사 종단저항의 설치 목적 및 설치 위치를 쓰시오.**

해설 무반사 종단저항

누설동축케이블로 전송된 전파는 케이블의 종단(끝)에서 송신부로 반사되어 교신 전파를 방해한다. 따라서 누설동축케이블의 종단에서 반사되는 전파 제거하기 위해 케이블 끝에 설치하는 저항을 말한다.

정답 설치목적 : 전송된 전파는 케이블의 종단(끝)에서 송신부로 반사되어 교신 전파를 방해하는 반사되는 전파 제거하기 위해
설치위치 : 누설동축케이블의 끝에

3 무선통신보조설비 구성

무선통신보조설비를 구성하는 요소에는
- 누설동축케이블
- 무반사 종단저항
- 옥외안테나
- 분배기
- 혼합기
- 증폭기

4 설치 기준

4-1 설치 대상

① 터널을 제외한 지하가로 연면적 $1000[m^2]$ 이상인 곳
② 지하가 중 터널로 길이 500[m] 이상인 곳
③ 지하구 중 공동구
④ 층수가 30층 이상인 곳의 16층 이상의 모든 층
⑤ 지하층 바닥면적 합계가 $3000[m^2]$ 이상인 곳 또는 지하층 층수가 3층 이상이고 지하층 바닥면적 합계가 $1000[m^2]$ 이상인 곳의 지하층 전체 층

4-2 설치 제외 및 면제 대상

4-2-1 설치 제외 대상

① 지하층으로 특정소방대상물의 바닥부분이 다음과 같을 때는 무선통신보조설비를 설치하지 않아도 된다.

- 2면 이상이 지표면과 동일하거나
- 지표면으로부터의 깊이가 1[m] 이하인 경우

4-2-2 설치 면제 대상

① 무선통신보조설비에 적합한 아래의 하나라도 설치된 경우에는 면제할 수 있다.
- 이동통신 구내 중계기 선로설비
- 무선이동중계기

4-3 설치 기준

4-3-1 누설동축케이블

① 소방전용주파수대에서 전파의 전송 또는 복사에 적합한 소방전용의 것으로 할 것.
(다만, 소방대 상호 간의 무선연락에 지장이 없는 경우에는 다른 용도와 겸용할 수 있다.)

② 누설동축케이블과 이에 접속하는 안테나 또는 동축케이블과 이에 접속하는 안테나로 구성할 것.

③ 누설동축케이블 및 동축케이블은 불연 또는 난연성의 것으로서 습기에 따라 전기의 특성이 변질되지 아니하는 것으로 하고, 노출하여 설치한 경우에는 피난 및 통행에 장애가 없도록 할 것.

④ 누설동축케이블 및 동축케이블은 화재에 따라 해당 케이블의 피복이 소실된 경우에 케이블 본체가 떨어지지 아니하도록 4[m] 이내마다 금속제 또는 자기제 등의 지지금구로 벽·천장·기둥 등에 견고하게 고정시킬 것.(다만, 불연재료로 구획된 반자 안에 설치하는 경우에는 그러하지 아니하다.)

⑤ 누설동축케이블 및 안테나는 금속판 등에 따라 전파의 복사 또는 특성이 현저하게 저하되지 아니하는 위치에 설치할 것.

⑥ 누설동축케이블 및 안테나는 고압의 전로로부터 1.5[m] 이상 떨어진 위치에 설치할 것.
(다만, 해당 전로에 정전기 차폐장치를 유효하게 설치한 경우에는 그러하지 아니하다.)

⑦ 누설동축케이블의 끝부분에는 무반사 종단저항을 견고하게 설치할 것

⑧ 누설동축케이블 또는 동축케이블의 임피던스는 50[Ω]으로 하고, 이에 접속하는 안테나·분배기 기타의 장치는 해당 임피던스에 적합한 것으로 할 것.

⑨ 누설동축케이블 또는 동축케이블과 이에 접속하는 안테나가 설치된 층은 모든 부분(계단실, 승강기, 별도 구획된 실 포함)에서 유효하게 통신이 가능할 것.

⑩ 옥외안테나와 연결된 무전기와 건축물 내부에 존재하는 무전기 간의 상호통신, 건축물 내부에 존재하는 무전기 간의 상호통신, 옥외안테나와 연결된 무전기와 방재실 또는 건축물 내부에 존재하는 무전기와 방재실 간의 상호통신이 가능할 것

4-3-2 옥외안테나

① 건축물, 지하가, 터널 또는 공동구의 출입구(출구 또는 이와 유사한 출입구) 및 출입구 인근에서 통신이 가능한 장소에 설치할 것.

② 다른 용도로 사용되는 안테나로 인한 통신장애가 발생하지 않도록 설치할 것.

③ 옥외안테나는 견고하게 설치하며 파손의 우려가 없는 곳에 설치하고 그 가까운 곳의 보기 쉬운 곳에 [무선통신보조설비 안테나]라는 표시와 함께 통신 가능 거리를 표시한 표지를 설치할 것.

④ 수신기가 설치된 장소 등 사람이 상시 근무하는 장소에는 옥외안테나의 위치가 모두 표시된 옥외안테나 위치표시도를 비치할 것.

4-3-3 분배기·분파기·혼합기

① 먼지·습기 및 부식 등에 따라 기능에 이상을 가져오지 아니하도록 할 것

② 임피던스는 50[Ω]의 것으로 할 것.

③ 점검에 편리하고 화재 등의 재해로 인한 피해의 우려가 없는 장소에 설치할 것.

4-3-4 증폭기·무선중계기

① 전원은 전기가 정상적으로 공급되는 축전지 설비, 전기저장장치(외부 전기에너지를 저장해 두었다가 필요한 때 전기를 공급하는 장치) 또는 교류전압 옥내간선으로 하고, 전원까지의 배선은 전용으로 할 것.

② 증폭기의 전면에는 주회로의 전원이 정상인지의 여부를 표시할 수 있는 표시등 및 전압계를 설치할 것.

③ 증폭기에는 비상전원이 부착된 것으로 하고 해당 비상전원 용량은 무선통신보조설비를 유효하게 30분 이상 작동시킬 수 있는 것으로 할 것.

④ 증폭기 및 무선중계기를 설치하는 경우에는「전파법」에 따른 적합성평가를 받은 제품으로 설치하고 임의로 변경하지 않도록 할 것.

⑤ 디지털 방식의 무전기를 사용하는데 지장이 없도록 설치할 것.

4-3-5 무선기기 접속단자

① 화재 층으로부터 지면으로 떨어지는 유리창 등에 의해 지장을 받지 않고 지상에서 유효하게 소방활동을 할 수 있는 장소 또는 경비실 등 근무자가 상시 근무하는 장소에 설치할 것.

② 단자의 높이는 바닥으로부터 0.8[m] 이상~1.5[m] 이하에 설치할 것.

③ 지상에 설치하는 접속단자는 보행거리 300[m] 이내마다 설치하고 다른 용도의 접속단자와의 이격거리는 5[m] 이상으로 할 것.

④ 지상에 설치하는 단자를 보호할 수 있는 견고한 보호함을 설치하고 먼지·습기 및 부식 등에 영향을 받지 않도록 조치할 것.

⑤ 단자의 보호함에 [무선기 접속단자]라는 표지를 부착할 것.

예제 **무선통신보조설비의 누설동축케이블 등에 대한 설치 기준이다. (   )안을 채우시오.**

(1) 증폭기의 전면에는 주회로 전원의 정상여부를 표시할 수 있는(①) 및 (②)를 설치할 것.
(2) 누설동축케이블 및 안테나는 고압의 전로로부터 (③)[m] 이상 떨어진 위치에 설치할 것. (단, 해당 전로에 정전기 차폐장치를 유효하게 설치한 경우에는 제외)
(3) 누설동축케이블 및 동축케이블은 화재에 따라 해당 케이블의 피복이 소실된 경우 케이블 본체가 떨어지지 아니하도록 (④)[m] 이내마다 금속제 또는 자기제 등의 지지금구로 벽, 천장, 기둥 등에 견고하게 고정시킬 것.
(4) 누설동축케이블의 끝 부분에는 (⑤)을 견고하게 설치할 것.

해설 무선통신보조설비의 설치 기준
(1) 증폭기의 전면에는 주회로 전원의 정상여부를 표시할 수 있는 표시등 및 전압계를 설치할 것.
(2) 누설동축케이블 및 안테나는 고압의 전로로부터 1.5[m] 이상 떨어진 위치에 설치할 것. (단, 해당 전로에 정전기 차폐장치를 유효하게 설치한 경우에는 제외)

(3) 누설동축케이블 및 동축케이블은 화재에 따라 해당 케이블의 피복이 소실된 경우 케이블 본체가 떨어지지 아니하도록 4[m] 이내마다 금속제 또는 자기제 등의 지지금구로 벽·천장·기둥 등에 견고하게 고정시킬 것.

(4) 누설동축케이블의 끝 부분에는 무반사 종단저항을 견고하게 설치할 것.

정답 ① 표시등   ② 전압계   ③ 1.5   ④ 4   ⑤ 무반사 종단저항

01 무선통신보조설비의 구성요소로 옳지 않는 것은?

① 누설동축케이블   ② 종단저항

③ 분배기   ④ 분파기

해설 무선통신보조설비의 구성요소
- 누설동축케이블
- 무반사 종단저항
- 옥외안테나
- 분배기
- 혼합기
- 증폭기

정답 ②

02 무선통신보조설비의 분배기, 분파기, 혼합기에 대하여 간단히 설명하시오.

해설 무선통신보조설비의 구성요소
- 분배기란? 신호의 전송로가 분기되는 장소에 설치하여 신호의 균등분배와 임피던스를 매칭 (Matching)시키기 위해 사용하는 장치이다.
- 분파기란? 서로 다른 주파수들이 동시에 합성된 신호로 존재하는 경우 주파수를 분리하기 위해 사용하는 장치이다.
- 혼합기란? 둘 이상의 입력신호를 원하는 비율로 조합해서 출력시키기 위한 장치이다.

정답
- 분배기 : 신호의 전송로가 분기되는 장소에 설치하여 신호의 균등분배와 임피던스를 매칭(Matching)시키기 위해 사용하는 장치이다.
- 분파기 : 서로 다른 주파수들의 합성된 신호를 분리하기 위한 장치이다.
- 혼합기 : 둘 이상의 입력신호를 원하는 비율로 조합해서 출력시키기 위한 장치이다.

03 무선통신보조설비 중 증폭기의 비상전원 용량의 작동시간은?

① 10분 이상

② 20분 이상

③ 30분 이상

④ 60분 이상

해설 무선통신보조설비의 증폭기의 비상전원 용량

증폭기에는 비상전원이 부착된 것으로 하고 해당 비상전원 용량은 무선통신보조설비를 유효하게 30분 이상 작동시킬 수 있는 것으로 할 것.

정답 ③

04 무선통신보조설비의 설치 대상으로 옳지 않은 것은?

① 터널을 제외한 지하가로 연면적 $1000[m^2]$ 이상인 곳

② 지하가 중 터널로 길이 1000[m] 이상인 곳

③ 층수가 30층 이상인 곳의 16층 이상의 모든 층

④ 지하층 바닥면적 합계가 $3000[m^2]$ 이상인 곳 또는 지하층 층수가 3층 이상이고 지하층 바닥면적 합계가 $1000[m^2]$ 이상인 곳의 지하층 전체 층

해설 무선통신보조설비의 설치 대상

- 터널을 제외한 지하가로 연면적 $1000[m^2]$ 이상인 곳
- 지하가 중 터널로 길이 500[m] 이상인 곳
- 지하구 중 공동구
- 층수가 30층 이상인 곳의 16층 이상의 모든 층
- 지하층 바닥면적 합계가 $3000[m^2]$ 이상인 곳
- 지하층 층수가 3층 이상이고 지하층 바닥면적 합계가 $1000[m^2]$ 이상인 곳의 지하층 전체 층

정답 ②

05 무선통신보조설비의 설치 기준으로 옳지 않은 것은?

① 누설동축케이블 및 동축케이블은 화재로 피복이 소실된 경우에 케이블 본체가 떨어지지 아니하도록 10[m] 이내마다 금속제 또는 자기제로 견고하게 고정시킬 것.

② 누설동축케이블 및 안테나는 금속판 등에 따라 전파의 복사 또는 특성이 현저하게 저하되지 아니하는 위치에 설치할 것.

③ 누설동축케이블 및 안테나는 고압의 전로로부터 1.5[m] 이상 떨어진 위치에 설치할 것.

④ 누설동축케이블 또는 동축케이블의 임피던스는 50[Ω]으로 하고, 이에 접속하는 안테나·분배기 기타의 장치는 해당 임피던스에 적합한 것으로 할 것.

해설 – 누설동축케이블 및 동축케이블은 화재에 따라 해당 케이블의 피복이 소실된 경우에 케이블 본체가 떨어지지 아니하도록 4[m] 이내마다 금속제 또는 자기제 등의 지지금구로 벽·천장·기둥 등에 견고하게 고정시킬 것.
(다만, 불연재료로 구획된 반자 안에 설치하는 경우에는 그러하지 아니하다.)

– 누설동축케이블 및 안테나는 금속판 등에 따라 전파의 복사 또는 특성이 현저하게 저하되지 아니하는 위치에 설치할 것.

– 누설동축케이블 및 안테나는 고압의 전로로부터 1.5[m] 이상 떨어진 위치에 설치할 것.
(다만, 해당 전로에 정전기 차폐장치를 유효하게 설치한 경우에는 그러하지 아니하다.)

– 누설동축케이블의 끝부분에는 무반사 종단저항을 견고하게 설치할 것

– 누설동축케이블 또는 동축케이블의 임피던스는 50[Ω]으로 하고, 이에 접속하는 안테나·분배기 기타의 장치는 해당 임피던스에 적합한 것으로 할 것.

정답 ①

06 누설동축케이블 및 동축케이블은 화재에 따라 해당 케이블의 피복이 소실된 경우에 케이블 본체가 떨어지지 아니하도록 금속제 또는 자기제 등의 지지금구로 벽·천장·기둥 등에 몇 [m] 이내마다 견고하게 고정시켜야 하는가?

① 2[m]   ② 4[m]

③ 6[m]   ④ 10[m]

케이블 고정의 이격거리

– 누설동축케이블 및 동축케이블은 화재에 따라 해당 케이블의 피복이 소실된 경우에 케이블 본체가 떨어지지 아니하도록 4[m] 이내마다 금속제 또는 자기제 등의 지지금구로 벽·천장·기둥 등에 견고하게 고정시킬 것.
(다만, 불연재료로 구획된 반자 안에 설치하는 경우에는 그러하지 아니하다.)

정답 ②

07 무선기기 접속단자에서 단자의 설치 높이는 바닥으로부터 얼마로 설치하는가?

① 0.8[m] 이상~1.5[m] 이하   ② 0.8[m] 이상~2.5[m] 이하

③ 1.0[m] 이상~1.5[m] 이하   ④ 1.0[m] 이상~2.5[m] 이하

해설 무선기기 접속단자의 설치 기준

– 단자의 높이는 바닥으로부터 0.8[m] 이상~1.5[m] 이하에 설치할 것.

정답 ①

황기환

· 경북전문대학교 소방안전관리과 교수

· 공학박사

최신 소방전기시설 구조 및 원리

1판 1쇄 인쇄 2024년 08월 12일
1판 1쇄 발행 2024년 08월 20일
저   자 황기환
발 행 인 이범만
발 행 처 **21세기사** (제406-2004-00015호)
　　　　　경기도 파주시 산남로 72-16 (10882)
　　　　　Tel. 031-942-7861   Fax. 031-942-7864
　　　　　E-mail : 21cbook@naver.com
　　　　　Home-page : www.21cbook.co.kr
　　　　　ISBN 979-11-6833-103-7

정가 30,000원